ビッグデータ超入門

Dawn E. Holmes 著

岩 崎 学 訳

東京化学同人

Big Data: A Very Short Introduction, First Edition was originally published in English in 2017. This translation is published by arrangement with Oxford University Press. Tokyo Kagaku Dozin Co., Ltd. is solely responsible for this translation from the original work and Oxford University Press shall have no liability for any errors, omissions or inaccuracies or ambiguities in such translation or for any losses caused by reliance thereon.

本書は 2017 年に出版された "Big Data: A Very Short Introduction, First Edition" 英語版からの翻訳であり，Oxford University Press との契約に基づいて出版された．株式会社東京化学同人は本書の翻訳に関してすべての責任を負い，翻訳上の誤り，脱落，不正確またはあいまいな表現，あるいはそれらから生じるいかなる損害についても Oxford University Press は責任を負わない．

ま え が き

　ビッグデータに関する本は，次の二つのカテゴリのうちのどちらか一方に分類される．一つは，それが実社会で何をもたらすかの単なる記述で特にその背景の説明がないものであり，もう一つは，逆に理論的で大学院生レベル向けの数学的なテキストである．本書の目的はそのどちらでもなく，ビッグデータがどのように機能し，私たちの世界をどう変えているか，そしてそれが私たちの日常生活やビジネスに与える影響を示すことにある．

　これまでデータは，数字や文書および写真などを意味していたが，現在ではそれ以上の多種多様なものを含んでいる．ソーシャルネットワーキングサイト（SNS）は，画像，ビデオあるいは動画として，毎分毎秒にわたり大量のデータを生成している．オンラインショッピングでは，住所とクレジットカードなどの情報が入力データとして作成される．データの収集と保存は，十数年前には想像もできないほどの速度で成長し，本書で説明するように，それに対処するための新しいデータ分析手法が考案され，データが有用な情報に変換されている．本書の執筆の間，ビッグデータに関しては，その収集，格納，分析のそれぞれについて，大手企業の取組みを参照しない限り，有意義な議論はできないことがわかった．Google や Amazon のような大企業の研究開発部門がビッグデータに関するあらゆる側面に対し重要な役割を担っていることから，それらの実際を本書でも頻繁に参照した．

　第 1 章では，デジタル時代がデータの定義そのものにもたらした変化を説明する前に，一般論としてデータの多様性について議論する．そしてビッグデータを，コンピューターサイエンスと統計学およびそれらの間の関係を含むデータ爆発の概念を通じて導入する．第 2 章から第 4 章では，図表を多用しながら，ビッグデータに必要ないくつかの新しい方法を説明する．第 2 章では，ビッグデータを特別なものとしている要因を探究し，それによりさらに具体的な定義を導く．第 3 章では，ビッグデータの格納と管理に関する問題について説明する．多くの人は，自分自身の PC でのデータのバックアップの必要性を理解している．しかし，現在生成されている膨大な量のデータに対する対処法については理解されていないであろう．そのため，データベースへのデータの保持

と，コンピューターのクラスター間でのタスクの分散というアイデアを紹介する．第4章では，ビッグデータはそこから有益な情報が抽出できてこそ有用であると主張している．データを情報に変換するための手法について，いくつかの確立された技法の簡単な説明を通じて紹介する．

第5章では，医学におけるビッグデータの役割および実際の応用例について詳細に議論する．次の第6章では，Amazon と Netflix のケーススタディにより，ビッグデータを使用したマーケティングのさまざまな特徴を示しつつビジネスにおける実践例を分析する．第7章では，ビッグデータを取巻くセキュリティ上の問題と暗号化の重要性について説明する．データの漏洩は大きな問題となっており，Snowden 事件や WikiLeaks などのニュースで取上げられている事例のいくつかを考察する．この章は，サイバー犯罪がビッグデータの内包する大問題であることを示して終える．最後の第8章では，高い能力をもつロボットの開発とその職場での役割を通して，ビッグデータが私たちの住む社会をどのように変えているかを考える．そして，将来のスマートホームとスマートシティの展望をもって本書を締めくくる．

本書のような超入門書のみでは，ビッグデータに関するすべてを述べることは不可能である．したがって私は，読者が巻末の文献リスト "参考文献と追加情報" を通して興味を追求することを望む．

謝　辞

　本書への彼の貢献に対して謝辞を述べたいと Peter に相談した際，彼の提案は，"私は Peter Harper に感謝します．彼のスペルチェッカーとしての役割がなかったら本書は別のものになっていただろう"というものだった．また，彼のコーヒーに関する専門知識とユーモアのセンスにも感謝したい．これらのサポートは実際非常に貴重だったうえ，Peter はより多くの貢献をしてくれた．彼の絶え間ない励ましと建設的な協力なしでは，本書は書かれていなかっただろう．

　　2017 年 4 月

　　　　　　　　　　　　　　　　　　　　　　　　　　Dawn E. Holmes

訳者まえがき

　ビッグデータ，IoT，AI そしてデータサイエンス．あらゆるメディアにおいて，これらの語を目にしない日はない．時代は急速に進みつつあることが，特にビジネスの世界あるいは科学技術研究の世界で特に顕著に実感される．しかし“ビッグデータ”といわれてもどうもまだピンとこない．ビッグデータとは何か，できればその全体像に関する知識を大まかでもいいから得たい，という人は多いのではないだろうか．私もその一人であり，ビッグデータについて知りたいというのが本書を訳出した理由になっている．

　私自身は，統計学の研究と教育に長年携わってきた統計家である．データ（本書でいうところのスモールデータ）に関する知識はある程度もっているつもりであるが，それでも本書の翻訳を通じて学ぶところは多く，これまでの統計学との違いが多いことを痛感した．巷間いうところのデータサイエンスは統計学と情報科学の融合であると考えているが，まさにそれが実感される本である．

　本書は，Oxford University Press の A Very Short Introduction シリーズの中の "Big Data" の全訳である．著者の Dawn E. Holmes は米国カリフォルニア大学サンタバーバラ校の統計・応用確率学科で，機械学習やベイズ理論の研究および統計教育に携わる女性研究者である．本書は，彼女のこれまでの研究および教育の実践から生まれたものである．彼女自身が書いているように，ビッグデータは大学などのアカデミアの中というよりは，いわゆる GAFA もしくは GAFAM (Google, Amazon, Facebook, Apple ＋ Microsoft) と称される超大型の IT 企業の企業活動に負うところが大きい．そのため，彼女自身それらの企業の研究者への取材を多く重ね，それが本書に結実していると述べている．

　本書は入門書である．しかし，誰でもわかるというような書き方をした入門書ではない．本書の各章で扱われている題材は，高度に数学的でも広範に網羅的でもないという意味で入門には違いないが，それぞれに歯ごたえのあるものである．心して読んでいただき，興味をもたれたトピックスについては，さらに進んだ知識を獲得されたい．その種のヒントも本書には紹介されている．

　IT 技術の進歩・発展は著しい．今日の"ビッグ"は明日の"スモール"に
なりかねない．本書が，そのような見かけの大きさではなく，その背後に潜む
本質は何であるかを知る一助になれば，訳者としても望外の喜びである．

　2020 年 1 月

横浜市立大学データサイエンス学部の研究室にて

岩　崎　　学

目　　　次

1. データ爆発 1

1・1　データとは何か 1
1・2　デジタル時代のデータ 4
1・3　ビッグデータ入門 6
1・4　検索エンジンデータ 7
1・5　医療データ 8
1・6　リアルタイムデータ 10
1・7　天文データ 11
1・8　データの利用法は？ 12

2. ビッグデータはなぜ特別なのか？ 14

2・1　ビッグデータ対
　　　スモールデータ 14
2・2　ビッグデータを定義する 15
2・3　ボリューム 16
2・4　多様性 17
2・5　速　度 18
2・6　真実性 19
2・7　視覚化とその他の "v" 19
2・8　ビッグデータマイニング 20
2・9　クレジットカード詐欺の
　　　検出 21
2・10　クラスタリング 22
2・11　分　類 24

3. ビッグデータの保存 26

3・1　ムーアの法則 27
3・2　構造化データの蓄積 28
3・3　非構造化データの保存 30
3・4　Hadoop 分散ファイル
　　　システム 30
3・5　ビッグデータ用の NoSQL
　　　データベース 32
3・6　CAP 定理 33
3・7　NoSQL データベースの
　　　アーキテクチャ 34

3・8　クラウドストレージ …………35　　3・10　情報損失のある
3・9　情報損失のない　　　　　　　　　　　　　データ圧縮 ………………39
　　　データ圧縮 ………………36

4. ビッグデータ分析 ……………………………………………………42
4・1　MapReduce ……………42　　4・4　公開データセット ………53
4・2　ブルームフィルター ………45　　4・5　ビッグデータパラダイム ……53
4・3　PageRank ………………49

5. ビッグデータと医療 …………………………………………………56
5・1　医療情報学 ………………56　　5・5　ビッグデータと
5・2　Google Flu Trends ………57　　　　　スマート医療 ……………64
5・3　西アフリカのエボラ　　　　　　5・6　医学における Watson ………66
　　　ウイルス病（エボラ　　　　　　5・7　医療ビッグデータの
　　　出血熱）の発生 ……………61　　　　　プライバシー ……………68
5・4　ネパール地震 ………………64

6. ビッグデータ，ビッグビジネス ……………………………………71
6・1　電子商取引 ………………72　　6・5　推奨システム ……………75
6・2　クリック課金広告 …………73　　6・6　Amazon ……………………78
6・3　Cookie（クッキー）…………75　　6・7　Netflix ……………………81
6・4　ターゲット広告 ……………75　　6・8　データサイエンス …………83

7. ビッグデータセキュリティとスノーデン事件 ………………………84
7・1　Home Depot の　　　　　　　7・5　電子メールセキュリティ ……89
　　　ハッキング ………………86　　7・6　スノーデン事件 ……………90
7・2　最大のデータハック ………87　　7・7　ウィキリークス ……………93
7・3　クラウドセキュリティ ………87　　7・8　TOR とダークウェブ ………95
7・4　暗号化 ……………………88　　7・9　ディープウェブ ……………97

8. ビッグデータと社会 ……………………………………… 98

8・1 ロボットと仕事 ……………… 98   8・4 スマートシティ …………… 102

8・2 スマートカー ……………… 99   8・5 今後に向けて ……………… 104

8・3 スマートホーム …………… 101

付　表 ……………………………………………………… 105

参考文献と追加情報 ……………………………………… 107

索　引 …………………………………………………… 111

1

デ ー タ 爆 発

1・1 データとは何か

　紀元前431年，スパルタはアテナイとの戦争を宣言した．歴史家のツキディデスは彼の著述の中で，アテナイ軍に包囲されたプラタイアの人々が，ペロポネソス同盟軍によって建設されたプラタイアを取囲む城壁を乗り越えて脱出をしようと試みたというエピソードを記述している．プラタイアの人々は，城壁を乗り越えるはしごをつくるため，城壁の高さを正確に知る必要があった．ペロポネソス同盟軍によって建設された城壁は大部分小石で覆われていたが，その中に城壁をつくるために積み上げられたレンガの層が見える箇所があった．それらのレンガの大きさはわかっていたので，その積み上げられた層の数を知ることで城壁の高さがわかるのであった．ツキディデスによると，敵軍からの攻撃を免れうるだけの距離をもった安全な地点からレンガの層の個数を正確に数えるのは困難であったため，多くの兵士がその任務を命ぜられ，各兵士による数多くの**測定値（データ）**が集められた．そしてそれらのなかで最も頻度の高かった値（**最頻値，モード**）が層の数として採用されたとのことである．これにより必要な長さのはしごがつくられ，数百人の人々が無事に脱出に成功したのである．このエピソードは，データの収集とその分析の有用性を示す歴史的な例と考えられてはいるが，データの収集・保存・分析は，以下で見るように，ツキディデスの著述の何世紀も前から行われていた．

　古くは旧石器時代後期の出土品とされる棒や石あるいは骨に，人為的に刻まれた刻み目がつけられているのが発見されている．これらの刻み目は，何らか

の集計のためのものと考えられているが，まだ学術的に議論の余地は残されていて結論には至っていない．刻み目の最も有名な例は，1950 年にアフリカのコンゴで発見された Ishango Bone で，これはおよそ 2 万年前のものと推定されている．この刻み目の入った骨は，何らかのカウントであるとか，あるいはカレンダーではないかなどとさまざまに解釈されてはいるが，単に持ちやすいように加工しただけという説もある．スワジランドで 1970 年代に発見された Lebombo Bone はさらに古く，紀元前 35000 年頃のものと推定されている．このヒヒの腓骨の断片に刻まれた 29 本の線は，そこからはるか遠く離れたナミビアでブッシュマンによって用いられているカレンダーに驚くほどよく似ていて，この符合は，その後の人類の文明化の過程を解く鍵とも考えられている．

これらの骨の刻み目の解釈はまだ確定してはいないが，今に残る歴史上最も初期のデータの有効な活用事例として，紀元前 3800 年にバビロニア人によって実施された大規模調査（国勢調査）があげられる．この調査では，税金の計算に必要な情報を得るため，国の人口と牛乳やはちみつなどの日用品の総数が体系的に記録された．また，初期のエジプトにおいても，商品の流通量を記録し，税金の徴収のためであろうか木材やパピルスに象形文字としてデータが記録されていた．また，データの使用は決してヨーロッパやアフリカに限定されたものではなかった．税金の徴収や商業目的での統計の作成に熱心であった古代インカ帝国や南アメリカの先住民たちは，10 進法に基づく計数法として **quipu** とよばれる色付きの結び目のあるひもを用いた洗練されかつ複雑なシステムを用いていた．鮮やかに染められた綿やラクダウールからつくられた結び目のあるひもの使用の歴史は，紀元前 3 世紀までさかのぼることができる．そしてその計数システムは，その後のスペインの侵略とそれに続くシステム根絶の試みの中でさえも生き残り，それらは現在，大量のデータの保存に関する歴史上最初の試みの一つとして知られている．現在，コンピューターアルゴリズムによる quipu のもつ意味を解読する試み，およびその当時での使われ方の調査が行われている．

これらの初期のシステムは**データ**（data）を扱っていると考えられもするが，data という単語はラテン語由来の datum という単数形の単語から派生した複

数形の単語である．しかしdatumという語は現在ではほとんど使用されず，dataが単数にも複数にも用いられている．オックスフォード英語辞典によると，dataの最初の用例は，1648年に公表され当時物議をかもした17世紀の英国の聖職者のHenry Hammondによる著作にあるとされている．しかし，その著作にはdataの最初の用例が見られるというものの，Hammondは，不可解な宗教的真理を指すためにheap of dataというフレーズを神学的な意味で使用していたのであり，それは現代的な意味での集団における特徴を表現する事実や数字という意味とは異なる内容のものであった．私たちが現在理解しているのと同じ意味をもったdataという語の起源はPriestley，Newton，Lavoisierなどの知的巨人によって導かれた18世紀の科学革命に端を発している．そして，1809年あるいはその後，現代の統計学的方法論のための高度に数学的な理論がGaussやLaplaceなどの著名な数学者によって打ち立てられた．

　より実用的なレベルとしては，1854年に発生したロンドンのブロードストリートでのコレラの流行があり，関連した大量のデータが収集された．当時医師であったJohn Snowがその分析を行い，それにより，彼は汚染された水が病気を広げたという彼の仮説の正しさを示した．それまで信じられていた空気感染ではないことをデータにより立証したのである．地元の住民からデータを収集し，感染した人たちはすべて同じ公共のウォーターポンプを使用していたことを突き止めた．彼は地元の教区当局にポンプの使用をやめるよう説得し，その際ポンプを使用させないためポンプのハンドルを取外したというのは有名な逸話である．Snowはその後，現在では有名となった疫学データの地図を作成し，ブロードストリートのポンプ周辺において病気が集団発生したことをグラフ上で示している．彼はこの分野でさらに疫学データの収集と分析の仕事を続け，現在では疫学という学問分野を確立した先駆的な疫学者として知られている．

　John Snowの研究の後，疫学者や社会科学者は人口統計データが研究目的に非常に貴重かつ有用であることを理解した．現在多くの国で行われている国勢調査はそのような研究や政策立案の有用な情報源となっている．たとえば，出生率や死亡率あるいはさまざまな病気の頻度，収入や犯罪に関する統計など，現在では19世紀以前には考えられもしなかった多岐にわたるデータが収集さ

れている．ほとんどの国では 10 年ごとに国勢調査が実施され[*]，ますます
多くのデータが収集されるようになってきている．その結果，手作業または
単純な集計機では追いつかないような大量のデータを扱う必要が出てきた．
増え続ける量の国勢調査データを処理しなくてはならないという課題は，当
時米国国勢調査局で働いていた Herman Hollerith によって部分的な解決を見
た．

　1870 年の米国の国勢調査までは，単純な集計機によるデータの集計が行わ
れていたが，これは国勢調査局の仕事量の削減にはほとんど役に立たなかっ
た．1890 年の国勢調査に突破口が訪れた．その年の国勢調査では，Herman
Hollerith がデータの保存と処理にパンチカードとそれによる集計法を考案し
て導入した．これにより，それまで米国の国勢調査データの処理時間が約 8 年
だったのが，1 年に短縮されたのである．

　Hollerith の考案したパンチカードシステムは，ドイツ，ロシア，ノル
ウェー，キューバを含む世界中の国々における国勢調査データの分析に革命
をもたらした．その後 Hollerith は，自身の開発したシステムを後に IBM と
なる会社に売却し，その後 IBM は広く使用されている一連のパンチカード・
マシンを開発して生産を開始した．1969 年にアメリカ規格協会（ANSI）は，
Hollerith の初期のパンチカードの革新的な発明に敬意を表して Hollerith パ
ンチカードコード（または Hollerith カードコード）を定義した．

1・2　デジタル時代のデータ

　コンピューターが広く普及する以前は，国勢調査や科学的な実験におけるサ
ンプル調査やアンケート調査あるいは実験結果などのデータは紙に記録される
のが普通であり，その分析には多くの時間と費用が費やされた．また，実験計
画の立案やアンケート調査の設計といったデータ取得のための計画が研究者に
よって定められ，その後にデータが収集されるのが常であった．その結果得ら
れたデータは高度に構造化され，フラットファイルとよばれる縦横の 2 次元
の構造をもった形で紙に記録された．20 世紀前半頃までには，データはコン

＊　［訳注］日本では国勢調査は 5 年ごとの実施．

ピューターに保存され，この紙でのデータ処理という労働集約的な作業の一部を軽減する手助けとなった．そして 1989 年に World Wide Web〔www またはウェブ（Web）〕が発表され，その後のテクノロジーの急速な発展により，データを電子的に生成，収集，保存して分析することが広く可能なものとなった．ウェブによってアクセス可能になったきわめて大量のデータは新たな問題を必然的にもたらし，それに対する対処法の構築が急務となった．ここではまず，さまざまなデータのタイプ間の相違について論じることにしよう．

　私たちがウェブから得るデータは，構造化，非構造化，もしくは半構造化のいずれかに分類できる．

　これまで手書きで作成されたりノートブックやファイリングキャビネットに保存されたりしていた**構造化データ**は，現在では**スプレッドシート**（行と列の 2 次元表）やスプレッドシート形式からなるデータベースに電子的に保存されている．スプレッドシート形式の表では，各行は顧客などのレコードで，各列は各顧客の名前，住所，年齢などの調査あるいは測定項目からなっている．これにより，たとえば商品をオンラインで注文するために必要な情報が提供される．注意深く構造化されて表形式に格納されたデータは管理が比較的容易であり，各種統計分析手法の多くはこのような構造化されたデータにのみ適用可能であった．

　対照的に，**非構造化データ**の種類は多岐に渡り，写真，ビデオ，つぶやき，ワープロ文書などがすべてこのカテゴリーに含まれる．ウェブの使用が広まるにつれ，その種の非構造化データは，これまでの既存の分析手法では分析が困難なことから，潜在的には情報をもつとはいえその有効利用ができないままでいた．しかし，その主たる特徴の識別により，一見構造化されていないように思われても，構造化が完全にできない訳ではないのである．たとえば，電子メールは，本体のメッセージは非構造化テキストからなるものの，件名には構造化された**メタデータ**を含むため，それによって分類が可能になり，**半構造化データ**とみなすことができる．メタデータタグは，構造化されていないデータに何がしかの構造を追加する役割を果たす．ウェブサイト上の画像への単語によるタグの追加によって識別が可能となり，検索も容易になる．半構造化データは，**ソーシャルネットワーキングサイト**（social networking site, **SNS**）

にも見られる．メッセージそのものは非構造化データであっても，それにハッシュタグをつけることにより，それが特定のトピックのものであることが識別される．非構造化データの分析はチャレンジングである．それらは伝統的なデータベースやスプレッドシートへの保存ができないため，有用な情報の抽出のために特別なツールの開発が必要とされる．後の章では，非構造化データがどのように保存されて分析に供されるのかを見ていく．

　章タイトルの"データ爆発"は，毎分毎秒生成され続ける膨大な量の構造化，非構造化および半構造化データ全体を示している．次に，これらのデータを生成するさまざまなソースのいくつかを見ていく．

1・3　ビッグデータ入門

　この本の執筆にあたっての材料の収集および研究のため，筆者はウェブ上で入手可能な膨大な量のデータ，すなわちウェブサイト，科学雑誌，そして電子教科書などにアクセスしたがその量に圧倒された．IBM が最近行った世界規模の調査によると，毎日約 2.5 エクサバイト（EB）のデータが生成されているとのことである．1 EB は 10^{18}（1 の後に 18 個の 0 が続く）バイト〔または 100 万テラバイト（TB）〕である．この本の最後にあるビッグデータの"バイト換算表"を参照されたい．本書の執筆時点で市販されている高性能のノートパソコンには，通常 1 〜 2 TB の記憶容量をもつハードドライブがある．もともと，**ビッグデータ**という用語は，単にデジタル時代に生み出された非常に大量のデータをさしていた．これらの構造化もしくは非構造化とみなされる膨大な量のデータは，電子メール，ウェブサイトあるいは SNS によって生成されたすべてのウェブデータを含む．

　全世界のデータの約 80% は，テキスト，写真，および画像の形式で生成されていて構造化されていないため，従来の構造化データの分析手法では分析ができない．また"ビッグデータ"という語は，単にそのような電子的に生成され保存されたデータをさすだけでなく，その量と複雑度が尋常ではなく，それらから有用な情報を引出すために新しいアルゴリズム技術が必要とされるような特定の目的をもったきわめて巨大データセットをさすのにも使われる．これらの巨大データセットはさまざまな情報源から来ることから，それらの情報源の

いくつかとそこから生成されるデータについてさらに詳しく見ていくことにする.

1・4　検索エンジンデータ

　2015年, Googleは世界で最も使用頻度の高い**検索エンジン**であり, 2位と3位はMicrosoftのBingとYahoo Searchであった. その種の検索エンジンが実用に供された2012年には, Googleだけで1日に35億件以上の検索が行われた.

　検索エンジンにキーワードを入力すると, 最も関連性の高いウェブサイトのリストが生成されるが, 同時にかなりの量のデータが逆に検索エンジン側に収集される. ウェブトラッキングはビッグデータを生成する. たとえば, 例として, 犬の "border collies" を検索してみると, いくつかの基本的な追跡ソフトウェアの使用によってトップに表示されたウェブサイトをクリックして選択閲覧することで, 全部で67のサイト接続がこの一つのウェブサイトのクリックによって生成されることがわかった. このように, あるサイトにアクセスする人々の興味の追跡のために, その人たちの情報は関連した企業間で共有されることになるのである.

　検索エンジンを使用するたびに, 検索されたサイトのどれを訪問したかを記録するログが作成される. これらのログには, 訪問者の名前そのものは記録されないまでも, クエリ（質問事項）の用語それ自体, 使用されているデバイスのIPアドレス, クエリが送信された時間, 各サイトに滞在した時間, 訪問した順序などといった有用な情報が含まれている. さらに, **クリックストリームログ**には, さまざまなウェブサイトにアクセスしたときのパスと各ウェブサイト内のナビゲーションが記録されている. ウェブを閲覧すると, クリックするたびにその情報が将来の使用のためにどこかに記録される. ある種のソフトウェアによって自社のウェブサイトによって生成されたクリックストリームデータの収集が可能となり, その情報はマーケティング戦略のための貴重な情報となる. たとえば, システムの使用状況に関するデータの提供により, ログは個人情報の盗難などの悪意のある活動の検出に役立つ. またログは, ウェブサイトの訪問者による広告のクリック回数のカウントにより, オンライン広告

の有効性の評価のためにも使用される.

　顧客の識別を可能にするため，**Cookie** が個人のネットサーフィンの過程を個別化する目的に用いられる．ウェブサイトに初めてアクセスすると，Cookie の使用をブロックしていない限り，通常はウェブサイト ID とユーザー ID で構成される小さなテキストファイルである Cookie がコンピューターに送信される．同じウェブサイトを訪問するたびに，Cookie はウェブサイトにメッセージを送り返し，それによりあなたのウェブ上での行動パターンを追跡する．第 6 章で説明するように，Cookie はクリックストリームデータの記録，選考度の追跡，あるいはターゲット広告への名前の追加などによく使用される.

　ソーシャルネットワーキングサイト（SNS）も膨大な量のデータを生成していて，Facebook と Twitter がそのなかでのリストの最上位に位置している．2016 年半ばまでに，Facebook は 1 カ月当たり平均 17 億 1 千万人のアクティブユーザーをもち，すべてのデータをトータルすると，毎日約 1.5 ペタバイト（PB，または 1000 TB）のウェブログデータを生成してきた．人気の高い動画共有ウェブサイトである YouTube は，2005 年の開始以来全世界にきわめて大きな影響をもたらしている．最近の YouTube プレスリリースでは，世界中に 10 億人を超えるユーザーがいるとしている．検索エンジンや SNS によって生成された価値あるデータは今後，たとえば健康問題など多くの分野で使用されることになるであろう.

1・5　医療データ

　医療の世界に目を向けると，さまざまな分野においてコンピューター化が促進し，その恩恵を被る人たちの割合が増加しつつあることがわかる．医療記録の電子化は，病院における手術や治療の結果の記録および保存の手段として，かなり一般的なものとなりつつある．その主たる目的は，患者のデータを他の病院や医師と共有することによる，よりよい医療の提供の促進にある．装着可能なあるいは埋め込み型のセンサーを通じた個人データの収集は，特に健康増進に寄与している．今後ますます健康に関するデータを収集するデバイスが発達し，血圧，脈拍，体温などに関するデータの分析により，患者の健康状態を

リアルタイムで遠隔監視することが可能になり，医療費を削減し，生活の質を向上させる可能性が出てきている．これらの遠隔監視装置はますます洗練度を高め，今や睡眠状態の追跡や動脈血酸素の飽和度のような高度な医療データの測定すら可能となってきている．

　一般企業のなかには，従業員に対して体重の減量や1日当たりの歩行数など，ある種の目的を達成するため装着可能なフィットネスデバイスの使用を推奨するところも出てきている．デバイスの無償提供と引換えに，従業員はデータを雇用主と共有することに同意することになる．これは一見合理的であるように見えるが，プライバシーの問題を考慮する必要がある．雇用関係にある場合，従業員はそのような取組みに参加するようにとの雇用主からの要請に対して反対しづらい状況も考えられうる．

　企業で使われるコンピューターやスマートフォンにおけるすべての従業員の行動の追跡といった従業員監視がますます頻繁になってきている．その目的のためのソフトウェアの使用により，各従業員がどのウェブサイトを訪れどのようにページをクリックしたか記録され，個人的な興味のためにソーシャルネットワーキングサイトの閲覧でコンピューターが使用されたかどうかまでがデータとして蓄積される．現代では，大規模なデータ漏洩の危険性があることからセキュリティに対する関心が高まり，企業の蓄積したデータの保護の実現が課題となっている．電子メールの監視と訪問したウェブサイトの追跡は，機密資料の盗難と漏洩を減らすための方法でもある．

　個人の健康データはフィットネストラッカー（健康情報追跡機器）や健康モニタリング装置などのセンサーから得られるものが多く，センサーから収集されるデータは，それぞれ専門的な医療目的のための個別のものがほとんどである．これらの個別のデータのほかに，近年の大規模データの代表例としてゲノムデータがある．生物学の研究者はさまざまな種の遺伝子とゲノムシークエンスの研究のため，きわめて大量のゲノムデータの蓄積を続けている．生物の機能を司るとみなされているデオキシリボ核酸（DNA）の構造は，1953年にJames WatsonとFrancis Crickによって二重らせんであることが突き止められた．近年は，ヒトDNAを構成する30億塩基対の配列または正確な順序を決定する国際ヒトゲノムプロジェクトが完結し，最終的に，このデータは遺伝

病の研究などにおいてきわめて有力な情報を与えてくれることが期待されている.

1・6　リアルタイムデータ

　データのなかにはリアルタイムに収集, 処理および使用されるものがある. コンピューターの処理能力の発展とネットワーク環境の整備により, その種のデータを生成しかつ迅速に処理する能力が飛躍的に向上してきている. これらのデータの処理システムでは, 応答時間がきわめて重要な要素であるため, データを瞬時に処理する必要がある. たとえば, **全地球測位システム**（**GPS**）は, 衛星システムによって全地球をスキャンし膨大な量のリアルタイムデータを送り続けている. GPS受信装置, たとえばあなたの車やスマートフォンは, これらの衛星信号を受信して瞬時に処理し, あなたの位置, 時間そして移動速度を計算する. ここでスマートフォンの"スマート"とは, インターネットにアクセスし, 多くのリンクとアプリケーションを通じて多種多様のサービスをやりとりする能力をもつことを意味する.

　この技術は現在, 無人運転車や**自動運転**（**自律走行**）車の開発に使用されている. これらはすでに工場や農場などの限られた専門分野で実用化されていて, Volvo, Tesla, 日産などの多数の大手自動車メーカーによって開発が続けられている. 自動運転のための**センサー**やコンピュータープログラムは, 車を目的地に確実に誘導し, 他の自動車や歩行者との関係を検知して車両の動きを制御するためリアルタイムでデータを処理しなくてはならない. そのためには事前に作成された3D地図を必要とする. これは, センサーが地図に登録されていないルートに対処できないためである. レーダーセンサーは, 他の自動車や歩行者などの動きを監視しかつ車両を制御するため, 外部の中央処理コンピューターにデータを送るために用いられる. センサーは運転のために必要な形状の検知, たとえば道路を横切る子供と風に吹かれた新聞紙との区別が可能なようにプログラムされなければならない. あるいは, 交通事故後の車線制限などの突発的な事象の検出も必要となる. しかし, 現在ではまだ, 自動運転車は絶えず変化する環境によって想起されるすべての問題に適切に対応する能力をもっているとまでは言えない.

　自動運転車が関係した最初の致命的な事故は，ドライバーも自動運転装置も車の進路を横切って走る車に反応しなかったときに発生した．ブレーキがかけられなかったのである．2016 年 6 月のプレスリリースで，自動運転車の製造元である Tesla は，"非常にまれな状況"と表現した．自動運転システムは，ドライバーに対し常にハンドルを握っていることを警告し，ドライバーがそうしていることを確認することになっている．Tesla によると，この事故は自動運転を行った 1 億 3000 万マイルの運転での最初の死亡事故であり，それは米国における通常の運転下での 9400 万マイル当たり 1 人の死亡者に対比されるべきであろうとされた．

　各自動運転車は毎日平均 30 Tb のデータを生成すると推定されていて，その多くが瞬時に処理されなければならない．**ストリーミングアナリティクス**とよばれる新しい研究分野は，伝統的な統計的手法とデータ処理手法を迂回し，この特定のビッグデータ問題に対処する手段を提供することが期待されている．

1・7　天文データ

　2014 年 4 月，International Data Corporation のレポートは，2020 年までに全デジタルデータ総量は 2013 年の約 10 倍の 44 兆ギガバイト（GB）〔1 GB は 1000 メガバイト（MB）〕になると推定している．データ増加の幾分かが望遠鏡によってつくり出されている事実がある．たとえば，チリの超大型望遠鏡は，光学望遠鏡であり実際には四つの望遠鏡で構成されていて，各望遠鏡は，1 晩当たり 15 TB という膨大なデータを毎晩生成している．これは 10 年間にわたるプロジェクトであり，大規模な観測を通じて夜空の地図を繰返し作成し，総計 60 PB（2^{50} バイト）ものデータを生成する．

　データ生成の点でさらに大きいのは，オーストラリアと南アフリカで建設されているスクエアキロメートルアレイパスファインダー（ASKAP）電波望遠鏡である．これは 2018 年に稼働を開始し，当初毎秒 160 TB のデータを生成するが，観測が進むにつれより多くのデータを生成することになる．すべてのデータが保存されるわけではないが，もしそうなったとしたら，残りの全データの分析には世界中のスーパーコンピューターが必要になるであろう．

1・8　データの利用法は？

　現代では，われわれの日常的な活動の中で個人データの電子的な収集を避けることはほとんど不可能である．スーパーマーケットではレジでの支払いの際に，何を購入したのかに関するデータが収集される．航空会社は，航空券の購入にあたり各個人の旅程に関する情報を収集する．そして，銀行には私たちの財務データが収集される．

　ビッグデータは商取引や医学ですでに広く使用され，今後さらに法律，社会学，マーケティング，公衆衛生，そして自然科学のあらゆる分野での応用が見込まれる．データは，構造化あるいは非構造化を問わずどんな形式であれ，それを抽出する方法が開発されれば，豊富で有用な情報を提供する可能性がある．伝統的な統計学とコンピューター科学を融合させた新しい技術は，大量のデータの分析を実現可能なものとしている．統計学者やコンピューター科学者によって開発されたこれらの技術やアルゴリズムは，データに潜むパターンの検出のために用いられる．どのパターンが重要かの判断がビッグデータ分析を成功させるための鍵となる．デジタル時代によってもたらされた変化は，データの収集，保存，分析の方法をそれまでとは大きく変えた．実際，ビッグデータ革命によりスマートカーとホームモニタリングが可能になったのはよい例である．

　データを自動的かつ電子的に収集することが可能になった結果，**データサイエンス**という新しい分野が出現し，統計学とコンピューターサイエンスの分野の統合により，より学際的な応用諸分野での新しい知識の発見が加速されつつある．ビッグデータを扱う最終的な目的は，そこから有用な情報を抽出することである．たとえば，ビジネスにおける意思決定は，ますますビッグデータから収集された情報に基づくようになり，ビジネスにおける成功への期待が高まっている．しかし，情報の抽出に必要なシステムの効果的な開発および運用のための教育あるいは訓練を受けたいわゆる**データサイエンティスト**の不足など，重大な問題があることも事実である．

　統計学，コンピューターサイエンス，人工知能から派生した新しい分析法の使用により，科学における新しい洞察と進歩をもたらすアルゴリズムが現在もなお設計開発されている．たとえば，地震がいつどこで発生するかを正確に予

測することはほぼ不可能であるが，地震活動の監視のために，衛星や地上に設置されたセンサーによって収集されたデータを使用する組織が増えている．その目的は，大規模地震が長期的にどこで発生する可能性があるかを概算することである．たとえば，地震研究の主要な組織である米国地質調査所（USGS）は，"北カリフォルニアで今後30年以内にマグニチュード7の地震が発生する可能性は76%である"と2016年に予測している．このような確率は，建物の耐震性を向上させることや災害管理プログラムの整備などの対策に資金やリソースを集中させるのに役立つ．企業のなかには，ここで述べたものを含むさまざまな分野において，ビッグデータを扱うことにより，ビッグデータ以前に比べより精度の高い予測法を提供し始めているものがある．ビッグデータとは何か，そして何が特別なのかをこれからさらに議論していく．

2

ビッグデータはなぜ特別なのか？

　ビッグデータは，最近になって急に出現したわけではない．それはコンピューターテクノロジーの発展と密接に関連している．コンピューターの計算能力と通信の高速化および記憶容量の急速な大規模化により，ますます多くのデータが収集されるようになった．最初にこの用語を使ったのがいつ誰かは定かではないが，当初"ビッグデータ"は単にデータセットの大きさに関する用語であった．どのくらいの大きさであれば大きいとするのか，ペタバイト（PB）なのかエクサバイト（EB）なのかの定義は困難であるが，いずれにせよ大容量のデータが生成され蓄積されてきていた．データ爆発の結果である"ビッグデータ"を語るうえでは，必ずしも統計学者の間で使われた語ではないが"スモールデータ"と対比させることには意味があるであろう．大きなデータセットは確かに大きくかつ複雑であるが，その定義に行き着く前に，スモールデータとそれが統計解析において果たした役割について見ていくことにする．

2・1　ビッグデータ対スモールデータ

　1919 年，統計学を一つの学問分野として確立し，近代統計学の創始者として現在広く認識されている Ronald A. Fisher が，農作物データの分析に取組むために英国のローサムステッド農事試験場に赴任した．1840 年代以降ローサムステッド農事試験場では古典的な方法で農事試験が行われていて，たとえば，冬小麦と春大麦に関するデータに加え試験場周辺の気象データが収集され

て蓄積され，さまざまな研究に供されていた．Fisher は，Broadbalk プロジェクトという，小麦に対するさまざまな種類の肥料の影響を調べる研究を開始した．そのプロジェクトは現在に至るまで継続している．

　当時のデータはきわめて乱雑であったことから，Fisher は彼の最初の仕事を“ゴミの山をかき回す”ようだと表現した．しかし，長年にわたってノートブックに記録されたそれまでの実験結果の注意深い研究により，彼はそこに記されているデータの意味を理解することができた．当時は現在のようなコンピューターのない時代で，きわめて貧弱な計算環境でしかなかったが，Fisher は当時の機械式の計算機を駆使して 7 年間にわたって蓄積されたデータの分析を行った．そのミリオネア（Millionaire）と命名された機械式計算機は，当時としては乗算が実行できる唯一の計算機械であり，Fisher はそれを用いたとはいえ，きわめて手間のかかる手計算により計算を実行していったのである．Fisher の仕事は計算が主体であったため，ミリオネアはきわめて重要な役割を果たし，そのおかげで Fisher は研究上必要とされる計算を行うことができた．ただし，その計算は現代のコンピューターであれば数秒以内に計算ができるようなものではあった．

　Fisher は，その当時の大量のデータを用いて分析を行ったことは事実であるが，それらは今日では大量のデータとはみなされず，“ビッグデータ”といえるようなものではなかった．Fisher の仕事の核心は，高度に構造化された偏りのないデータの生成を実現する実験計画の重要性の発見であった．緻密に定義され慎重に制御された実験計画がデータの統計分析に欠くことができないものと認識された．当時利用可能な統計的方法は構造化されたデータにしか適用できなかったことから，偏りのない結果を得るためのデータの生成法こそが必要不可欠なのであった．Fisher に端を発する非常に重要な実験計画の方法論は，現在でも依然として，小さな構造化されたデータセットの分析のための礎石を提供する．しかしこれらの方法論は，私たちが現在さまざまな分野で遭遇するきわめて大量のデータには，そのままの形では適用できない．

2・2　ビッグデータを定義する

　デジタル時代といわれる現在，標本調査は必ずしも必要ではなくなったとい

う意見もある．これは，必要なデータをすべて，集団全体で収集できる可能性が出てきたためである．しかし，これらの大規模データセットの大きさだけでは，“ビッグデータ”という用語の妥当な定義を与えることはできない．定義には何らかの意味での“複雑さ”の概念を含める必要がある．慎重に収集された“スモールデータ”ではなく，現代では特定の研究目的を念頭に置いて収集された訳ではなく，さらに構造化もされていないことが多い膨大な量のデータを扱う必要がある．データセットの大きさだけではなく，その特徴を表現するため，Doug Laney は 2001 年の彼の著作の中で三つの“v”，すなわち**ボリューム**（volume），**多様性**（variety），**速度**（velocity）を用いることを提案した．これらを詳細に見ることにより，“ビッグデータ”という用語が何を意味するのかが理解されるであろう．

2・3　ボ リ ュ ー ム

　“ボリューム”は，現在収集および蓄積されている電子データの量のことで，日々刻々と際限なく増加し続けている．ビッグデータは“大きい”のであるが，どのくらい大きければビッグといわれるのだろうか．実際，大きさについての特定の基準の設定は可能であるが，10 年前に大きいとみなされたものは，今日の標準ではもはや大きくないといえるだろう．収集されたデータの量は，たとえその限界を設定したところでたやすくそれを超えて行われるであろう．“大きさ”の成長スピードは限りなく速いのである．2012 年に IBM とオックスフォード大学は，Big Data Work Survey の調査結果を報告した．95 カ国から集められた 1144 人の専門家を対象としたこの国際調査では，半数以上が 1 TB から 1 PB のデータセットを大きいと判定したが，回答者の約 3 分の 1 は“わからない（don't know）”というカテゴリーに反応した．この調査では，回答者に八つの選択肢から，ビッグデータの特徴を表す定義として一つないしは二つを選択するよう求めた．その際，“大量のデータ”を選択したのはわずか 10％のみで，全体の 18％が“より広い範囲の情報”を選択した．データセットのサイズだけに基づいて確たる定義を与えることができないもう一つの理由は，記憶装置の容量や収集されるデータの種類などの他の要因が時間の経過とともに変化し，ボリュームに対する認識に影響を与えるためである．もちろん，

いくつかのデータセットは実際にきわめて大きく，たとえば，欧州原子核研究機構（CERN）の Large Hadron Collider (2008 年以来運用されている世界最高の粒子加速器）によって得られたデータはその例である．実験設備によって生成されるデータの1%のみを分析対象とするとしても，科学者は年間 25 PBのデータを処理する必要がある．一般に，データセットが従来のアルゴリズムや統計的方法では収集，保存，分析できないようなものであれば，ボリューム基準は満たされているといえるであろう．Large Hadron Collider によって生成されるようなセンサーデータは，ビッグデータの一種にすぎない．さらに他のいくつかの基準を考えてみよう．

2・4 多　様　性

"インターネット" と "World Wide Web" という用語は同じ意味で使用されることがよくあるが，実際にはきわめて異なるものである．インターネットは，コンピューター，コンピューターネットワーク，**ローカルエリアネットワーク（LAN）**，衛星通信，携帯電話あるいはその他の電子機器からなるいわばネットワークのネットワークで，これらはすべて互いにリンクし，**IP**(Internet Protocol) **アドレス**を用いてのデータの相互やり取りがその特徴となっている．一方，World Wide Web〔www または単にウェブ (Web)〕は，その創始者である T. J. Berners-Lee によると，インターネットアクセスを通じて，コンピューターに接続するすべての人々の間で電子メール，インスタントメッセージング，ソーシャルネットワーキングなどによりコミュニケーションを行う "グローバル情報システム" である．ISP (インターネットサービスプロバイダ) に加入することにより，インターネットへの接続を通じて Web や他の多くのサービスにアクセスし，相互に情報のやり取りすることが可能となる．

一旦ウェブに接続するとそこにはカオスの世界が広がっている．信頼できる情報源からの有益な情報もあれば，疑わしい情報源からの不確実な情報やときにはウイルスなど，種々雑多なものがやり取りされる．これは，従来の統計学で要求されてきたクリーンで正確なデータからはかけ離れた位置にある．ウェブから収集されたデータには，構造化されたものもあれば，非構造化または半構造化されたものもあり，きわめて多様性に富んでいる．例として，ソーシャ

ルネットワーキングサイト（SNS）でやり取りされる構造化されていないテキストデータや半構造化されたスプレッドシートデータなどがあげられる．実際，ウェブから得られるのはほとんど非構造化データといえるであろう．たとえば Twitter ユーザーは，全世界で 1 日当たり約 5 億件の 140 文字のメッセージ（つぶやき）をやり取りしている．これらの短いメッセージは商業的に価値があり，そこに表現された感情が，ポジティブ，ネガティブ，またはニュートラルかどうかによって分析されることがある．この新しい感情分析の分野では，その目的で開発された技法が必要であり，それはビッグデータの分析を通じてのみ実行可能なものである．さまざまな目的で，病院や軍隊および多くの企業によってさまざまなデータが収集されているが，それらを構造化，非構造化あるいは半構造化と分類することはその後の分析にとっても有用である．

2・5　速　　　度

　データは現在，ウェブ，スマートフォン，センサーなどのソースから継続的にストリーミング（ダウンロードおよび再生）されている．その速度は必然的にボリュームと関係がある．より速くデータが生成されるほど，ボリュームが増える．たとえば，ソーシャルメディア上のメッセージは，今では雪だるま式に増加の一途をたどっている．誰かがソーシャルメディアに何かを投稿したとすると，彼もしくは彼女の友達はそれを見て自分の友達と共有し，その友達がまた自分の友達と共有し，という具合にメッセージは瞬く間に世界中に伝わるのである．

　速度はまた，データが電子的に処理される速度を意味する．たとえば，自動運転車に搭載された各種センサーよって生成されるデータは，無線によってリアルタイムに中央制御システムに送られるが，自動車が安全かつ確実に走行するためにはそれらのデータが瞬時に分析されて自動車に送り返されなければならない．すなわち速度が本質的な役割を果たすのである．

　変動性（variability）は，速度の概念に対する追加的な要素とみなすことができる．データ送信のピーク時のデータフローの大幅な増加に柔軟に対応しなければならない．これは，コンピューターシステムがこれらの時点で障害を起こしやすいことを考えるときわめて重要である．

2・6 真 実 性

Doug Laney が提案した当初の三つの"v"に加えて,4番目に"真実性
(veracity)"を追加することができる.真実性とは,収集されているデータの
品質のことである.正確性と信頼性がデータにとって重要であるとは過去1世
紀以上にわたる統計学上の主張であり,Fisher をはじめとする統計学者は,こ
れら二つの実現のための方法論をこれまで展開してきた.しかし,現代のデジ
タル時代に生成されるデータは,多くの場合構造化されず,実験計画に基づい
て生成されたものではなく,さらには確たる目的をもって収集されたものでさ
えないこともある.それでも,私たちはこの混沌とした対象から有益な情報を
得ようとしている.たとえば,ソーシャルネットワークによって生成された
データを考えてみよう.この種のデータはその性質上,不正確,不確実であり,
虚偽である可能性も捨てきることができない.では,どのようにすれば信頼性
があり意味のあるデータを得ることができるのであろうか.第1章の冒頭で,
ツキディデスがプラタイアの人々が城壁の正確な高さを知るために多くの兵士
を動員してデータを集め,それらからより精確な情報を得ようとしたエピソー
ドを紹介したが,データの大きさすなわちボリュームが問題の克服に有用とな
るであろう.しかし,統計理論が物語るように,データの量が多くなると,デー
タのどの部分に注目するかによってまったく逆の結論を導くこともできてしま
うかもしれないし,疑似的な相関関係に誤って意味を見出そうとしたりするこ
ともありうるので,データの分析と解釈には慎重になる必要がある.

2・7 視覚化とその他の"v"

"v"をビッグデータの特長を表す記号だとすると,"脆弱性(vulnerability)"
や"実行可能性(viability)"などの用語を,Laney 提案の当初の三つに追加し
たりあるいは置き換えたりできる.しかし,これらのうちで最も重要なのはお
そらく"価値(value)"と"視覚化(visualization)"であろう.**価値**は通常,
ビッグデータ分析から得られた結果によってもたらされるものである.また,
企業から別の企業にデータを送付しそれをその企業が自身の分析技術によって
処理するという意味にも用いられるため,データビジネスの世界での用語であ
るとも認識されている.

　視覚化は，ビッグデータの特徴的な性質ではないが，分析結果の表示と伝達にはきわめて重要な役割を果たす．小さなデータセットの理解に有用であるとしてよく知られている円グラフや棒グラフは，ビッグデータの視覚的な解釈を助けるためにも用いられるが，それらの適用範囲は限られたものとなっている．たとえばインフォグラフィックスは，より複雑な表示方法を提供するが，それはダイナミックではない静的なものといえる．ビッグデータは日々絶え間なく追加されるという特徴をもつので，ユーザーにとって最も望ましい視覚化法は，対話的で定期的に更新されるものであろう．たとえば，自動車による旅行の計画に GPS を使用することで，衛星データに基づく位置情報の追跡のため高度かつインタラクティブなグラフィックスへのアクセスが可能となる．

　まとめると，ビッグデータの四つのおもな特性"ボリューム，多様性，速度，真実性"は，データ管理においてチャレンジングな課題を提供する．この課題の解決によって得られると期待される利点と，ビッグデータで解決したい問題への解答は，**データマイニング***を通して得ることができる．

2・8　ビッグデータマイニング

　"データは新しい石油である"は，2006 年に Tesco の顧客ロイヤルティカードの創始者である Clive Humby が最初にいった言葉とされ，現在では，さまざまな企業や政治分野などでのリーダーによって広く語られるようになった．それは言い得て妙なフレーズであり，石油と同様，現代社会におけるきわめて重要な資源であると同様，それが価値を生み出すためにはその前に適切な処理過程を経なければならないことをも表している．このフレーズは，主として企業相手への自社製品の販売を目論むデータ分析プロバイダによって，将来はビッグデータの時代であることを顧客に認識してもらうためのマーケティング戦略の一環として用いられてきた．そうかもしれないが，これまではそれは単なる比喩でしかなかったのである．これまで石油さえあればそこから価値を生む製品や商品などを生み出すことは可能であった．ところがビッグデータはそうではない．データの質がよくない限りそこからなんらの価値を生み出すこと

---

　*　［訳注］データベースからの知識発見のための方法論のこと．

はできない．データの所有権はどこにあるのか，プライバシーの問題はクリア
されているかなどの大きな問題をはらんでいる．しかし，石油とは異なり，
データは有限の資源ではない．ビッグデータのマイニングは，大量のデータか
ら有用で価値のある情報を抽出する作業であるといえよう．

　データマイニングや機械学習の方法における各種のアルゴリズムの適用によ
り，データ内の特異なパターンや異常値を検出することができるだけなく，そ
れらを予測することも可能となる．ビッグデータセットからこの種の知識を取
得するには，教師ありまたは教師なしの機械学習技法が適用される．教師あり
機械学習は，人間が実際に学習するプロセスの模倣と考えることができる．カ
テゴリーへの帰属が既知のいわゆるラベル付きの訓練データを用いて，何らか
の判別アルゴリズムの適用により，コンピュータープログラムは帰属が未知で
ある新しい個体をいずれかのカテゴリーに分類する．このアルゴリズムのパ
フォーマンスはテストデータを用いてチェックされる．一方，教師なし学習ア
ルゴリズムはラベルなしの入力データを使用し，分類先などのターゲットはあ
らかじめ与えられはしない．このアルゴリズムの目的はデータを探索し，そこ
に隠されたパターンを発見することである．

　ここでは例として，クレジットカード詐欺の検出の例を用いて，それぞれの
方法がどのように使用されているかを見てみる．

2・9　クレジットカード詐欺の検出

　クレジットカード詐欺の検出と防止には多くの努力が払われている．あなた
がもし残念ながらクレジットカード詐欺の検知を担う組織から電話を受けたと
したならば，最近行われたカードでの商品購入は詐欺の可能性が高いという決
定がどのようになされたのか疑問に思うかもしれない．日々の膨大な数のクレ
ジットカードでの取引を考えると，人間が伝統的なデータ分析技術を使ってそ
れらの取引すべてをチェックするのはもはや不可能であり，そのためのビッグ
データ分析の必要性が理解できるであろう．当然ながら，金融機関は不正検出
方法の詳細の共有を嫌がる．もしそれが知られたとすると，サイバー犯罪集団
はその検出法を迂回し，裏をかこうとするからである．しかし，詐欺犯罪に対
しどのような対応がなされているのかの一般論を知ることは，本書の読者にも

意味のあることであろう.

　考えられるシナリオはいくつかあるが，クレジットカードが盗まれ，カードの PIN（個人識別番号）やパスワードなどの情報も漏れてしまった場合を想定してみよう．この場合，カードを使っての支出金額が，普段の使用実績に比べ急増する可能性がある．これは，カード発行機関によって簡単に検出される詐欺行為であろう．多くの場合，詐欺集団はまず盗んだカードを用いて"テスト取引"を行い，試しに安価なものを購入してみる．その取引に疑いがかけられないことを確認したら，次にもっと大きな金額での購入を行うことになる．そのような取引が詐欺行為なのかあるいはそうでないのかの判断が必要となる．カードの所有者の通常の購買パターンを外れて突発的な買い物をしたのか，あるいはその月に何らかの理由で大きな金額の買い物をしたのか，それともそうでないのかを見極めなくてはならない．どの取引が不正であるかをどのようにして検出するのであろうか．ここではまず，クラスタリングとよばれる教師なし手法と，それがカード詐欺の状況でどのように使用されるかを見てみることにする.

2・10　クラスタリング

　人工知能アルゴリズムに基づくクラスタリング方法を用いることで，顧客の購買行動の異常を検出することができる．顧客の取引データにおけるパターンを探索し，詐欺の可能性の有無にかかわらず，異常もしくは疑わしいものをまず検出する.

　クレジットカード会社は大量の取引データを収集し，それらを用いて顧客の購買行動を表す**プロファイル**（行動パターン）を作成する．そして，類似の特性をもつプロファイルの**クラスター**（集まり）を反復計算（コンピューター上でプログラミングされた繰返し計算）により同定する．たとえば，普段の支出範囲や購入場所あるいは顧客の支払額の上限設定や購入した商品の種類などによって，いくつかのクラスターが定義される.

　データがクレジットカード会社によって収集される段階では，その取引が本物であるか詐欺的なものであるかを示すラベルは不明である．しかし，この種のデータを入力として用い，適切なアルゴリズムによって取引をいくつかの

パターンのいずれかに分類する．そのためには，たとえば，支出額や取引が行われた場所，購入商品の種類あるいはカード所有者の年齢などの入力データに基づいて顧客の取引パターンをグループ化し，複数のクラスターを構成する．そして新たな取引データが得られたら，それがどのクラスターに属するかの判定が行われる．それがその顧客の通常のクラスターと異なる場合，それは疑わしいものとして扱われることになる．また，たとえ通常のクラスター内にあったとしても，その取引がそのクラスターの中心からかなり離れた場所に位置しているとしたら，それは疑念をひき起こすかもしれないであろう．

　たとえば，リゾート地であるパサデナに住んでいる 83 歳のおばあさんが派手なスポーツカーを購入したとする．これが，たとえば食料品や美容院への訪問など，彼女の通常の購買行動パターンとはかけ離れている場合は，それは異常もしくは疑わしいものと判定される．このスポーツカーの購入のように，普通ではないものはすべてさらに詳しい調査が必要とされる．通常は，カードの所有者に照会の連絡をすることから始められる．図2・1は，この状況を表すクラスターの非常に単純な例を示している．

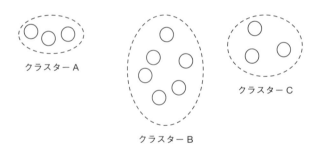

図2・1　クラスターの図

　クラスターBは，おばあさんの通常の月々の支出のパターンを，同様の月々の支出をもつほかの人々と共にクラスター化して示している．たとえば彼女がバケーションに出かけたような場合には彼女のその月の支出額が増加し，彼女の支出パターンがクラスターCに属するとされることもある．しかし，クラスターCは，クラスターBからそれほど遠くなく，それほど購買パターンが劇的に異なるとは判定されないであろう．しかし，そうだとしても，それは別

のクラスターにあるので，それは疑わしい購買活動であるとされチェックの対象にはなる．しかし，彼女が派手なスポーツカーを購入した場合，それはクラスターAに分類され，そのクラスターは通常の支出を表すクラスターBとはかなりかけ離れていることから，通常の支出パターンとはみなされないであろう．

　この状況とは対照的に，不正が発生したことがわかっている実例の場合には，クラスタリングアルゴリズムとは異なる分類アルゴリズムを用いることによって，不正検出に使用される別のデータマイニング手法が適用される．

2・11　分　　類

　教師あり機械学習手法である**分類**（classification）は，事前にカテゴリーへの分類が既知であるデータからなるデータセットに適用される手法であり，統計解析では**判別分析**ともよばれる．クラスタリングと異なり，カテゴリーへの帰属に関する事前情報が必要である．アルゴリズムは各観測値がすでに正しくラベル付けまたは分類されているデータセットから始められる．通常はデータセット全体が，分類モデルを作成する訓練データセットと，そのモデルの適切さを評価する評価データセットに分けられる．カテゴリーへの帰属が不明な新しいデータをこのモデルによりいずれかのカテゴリーに分類することになる．

表2・1　分類が既知のデータセット

カードは盗難もしくは紛失したか	商品の購入は異常か	商品購入に関する電話連絡があったか	分類結果
いいえ	いいえ		正　当
いいえ	は　い	は　い	正　当
いいえ	は　い	いいえ	不　正
は　い			不　正

　分類手法の説明のため，クレジットカード詐欺を検出する小さな**決定木**（decision tree）を作成してみよう．

　決定木をつくるため，表2・1に示すようなクレジットカード取引データが収集され，過去の知識に基づいて，その取引が正当もしくは不正のいずれかに分類されているとする．

　このデータを使用して，図2・2に示す決定木がつくられる．これにより，コンピューターは正当か不正かが不明の新しい取引を分類することができる．一連の質問事項への反応により，その取引が正当かあるいは不正かという二つの可能な分類のうちの一つに到達できる．

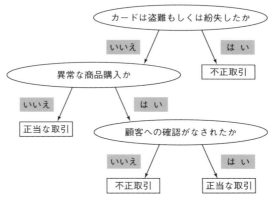

図2・2　取 引 の 決 定 木

　たとえば，Smith 氏のアカウントが，彼のクレジットカードが紛失または盗難にあったと報告された場合，そのカードを使用しようとするいかなる試みもすべて不正とみなされる．カードが紛失または盗難にあったとの報告がない場合，システムは，通常とは異なる商品もしくはこの顧客にとって異常な金額の商品かどうかを確認する．もしそうでなければ，その取引は異常なものではないとみなされ，正当と分類される．他方，商品や金額が通常とは異なる場合は，Smith 氏に電話での照会がなされる．実際に購入したことが確認できた場合，その取引は正当とみなされ，確認できない場合には不正と判断される．

　ここでは，ビッグデータとは何かの一応の定義を述べ，ビッグデータのマイニングによって答えられる質問の種類を検討したので，次にデータの**保存**（storage）の問題に目を向けよう．

3

ビッグデータの保存

　カリフォルニア州サンノゼで IBM によって開発・販売された最初の**ハードディスクドライブ**（HDD）は，それぞれが直径 24 インチの 50 枚のディスクからなり，その記憶容量は約 5 メガバイト（MB）であった．この記憶装置は1956 年当時の最先端技術によるものであったが，きわめて大きく 1 t 以上の重さがあり，メインフレームコンピューターの一部でもあった．1969 年のアポロ11 号の月着陸時まで，ヒューストンにある NASA の有人宇宙船センターは，最大 8 MB のメモリを搭載したメインフレームコンピューターを使用していた．驚くべきことに，宇宙飛行士の Neil Armstrong が操縦したアポロ 11 号の月着陸船での機内コンピューターはたった 64 キロバイト（kB）の記憶容量しかなかった．

　その後コンピューター技術は急速な進展を見せ，1980 年代のパーソナルコンピューター（PC）ブームの開始時には，PC のハードディスクドライブの容量はさまざまであったが，中には 5 MB を搭載したものもあった．しかし，この記憶容量は，現在であれば 1 枚か 2 枚の写真かイメージの格納が精一杯のものである．コンピューターの記憶容量はその後さらに急速に増大の一途をたどり，PC での記憶容量は，さすがにビッグデータの大きさには追いついてはいないものの，近年に至るまで劇的に増大しつつある．現在では 8 テラバイト（TB）以上のハードドライブを備えた PC でさえも購入可能となっている．また，USB メモリも現在では 1 TB の記憶容量のものも市販され，これには約 500 時間の映画または 30 万枚以上の写真の保存が可能となっている．これはもちろ

ん個人レベルでは非常に大きなものといえるが，一方でデータそのものは毎日新しく 2.5 エクサバイト（EB）もが生成されているのである．

　1960 年代になると真空管からトランジスタへの転換が実現し，マイクロチップ上に配置できるトランジスタの数は，次の項で説明するムーアの法則に従って急激に増加した．そして，トランジスタの小型化の限界に到達してしまうのではないかという予測にもかかわらず，ムーアの法則は今に至るも有用な近似であり続けている．高速化された数十億個のトランジスタをチップに詰め込むことで，これまで以上に大量のデータの保存が可能になった．一方で現在では，マルチコアプロセッサとマルチスレッドソフトウェアの併用により，さらに高速なデータ処理が可能となっている．

3・1　ムーアの法則

　1965 年，Intel の共同創設者であった Gordon Moore は，今後 10 年間でチップに組込まれるトランジスタの数は 24 カ月ごとに約 2 倍になると予測していた．1975 年に彼はその予測を変え，システムの複雑度は今後 5 年の間は 12 カ月ごとに倍増し，その後は 24 カ月ごとに倍増するであろうとの示唆を与えた．一方でインテルの同僚であった David House は，トランジスタの高速化を考慮すると，マイクロチップの性能は 18 カ月ごとに 2 倍になるとの予測を述べた．この後者の予測が，現在，**ムーアの法則**として最もよく知られるものとなっている．この予測は非常に正確であることが確かめられていて，1965 年以来，コンピューターはより速く，より安く，そしてより強力になってきている．しかし，ムーア自身は，この“法則”が間もなく成り立たなくなるだろうと感じているようである．

　科学誌 *Nature* の 2016 年 2 月号に掲載された M. Mitchell Waldrop の論文によると，ムーアの法則の終焉は実際に近いようだ．**マイクロプロセッサ**は，コンピュータープログラムからの命令を実行する役割を果たす**集積回路**である．これは通常，シリコンマイクロチップ上の小さなスペースに埋め込まれた何十億ものトランジスタからなっている．各トランジスタのゲートは，そのオンまたはオフによって 0 または 1 の信号を生成する．きわめて微量の入力電流が各トランジスタゲートを通って流れ，ゲートの開閉によって増幅出力電流が生成

される．Waldrop は，現在最も高度なマイクロプロセッサでの隣接距離は 14 nm
であり，微細ではあっても電力によって発熱が生じ，その発熱が物理的に回路
の高速化を妨げてしまい，これまで指数関数的な成長を予測してきたムーアの
法則の限界が近づいているとの認識を示した．

　ナノメートル（nm）は 10^{-9} m すなわちミリメートルの百万分の一である．
これを例えると，人間の髪の毛の直径は約 75000 nm で，原子の直径は 0.1 か
ら 0.5 nm である．Intel に勤務する Paolo Gargini は，ゲート間の距離の限界
は 2 から 3 nm であり，近い将来，おそらく 2020 年代にはその限界に到達す
るだろうと述べた．Waldrop は，"その距離では，電子の振舞いは量子的不確
実性によって左右され，その結果トランジスタの信頼度は絶望的に下がるだろ
う"と推測している．第 7 章で見るように，まだ緒に就いたばかりのテクノロ
ジーである**量子コンピューター**が，さらに技術を前進させる道を提供する可能
性が非常に高いようである．

　ムーアの法則は，データの成長率にも適用でき，データ量は 2 年ごとにほぼ
2 倍になってきている．コンピューターの記憶容量が増加し，処理可能なデー
タの量も大きくなるにつれてデータ量そのものも増加してきている．Netflix,
スマートフォン，**モノのインターネット**（**IoT**, インターネットに接続された
膨大な数の電子センサーを表現する便利な用語），クラウドコンピューティン
グ（世界規模の相互接続されたサーバーのネットワーク）などがムーアの法則
によって予測された指数関数的な成長を見せている．これらによって生成され
たデータはすべて蓄積する必要があり，次にこのテーマを見ていく．

3・2　構造化データの蓄積

　パーソナルコンピューター（PC），ノート PC あるいはスマートフォンを使
用する人は誰でも，データベースに蓄積されているデータにアクセスするであ
ろう．銀行取引の明細や電子アドレス帳などの構造化データは，**リレーショナ
ルデータベース**に蓄積される．これらの構造化データでは，**リレーショナル
データベース管理システム**（**RDBMS**）を用いてデータを作成，保持，アクセ
スおよび操作する．第一のステップはデータベーススキーマ（すなわちデータ
ベースの構造）の設計である．データベース構築のためにはデータフィールド

に関する知識が必要で，それらをテーブルに配置したうえで，テーブル間の関係を識別しなくてはならない．これが達成されて初めてデータベースが構築される．そしてそれに実際にデータを投入し，**構造化照会言語**（structured query language, **SQL**）を使用することによりその操作が可能になる．

当然ながらテーブルの設計は慎重に行わなければならず，後の段階での変更は多くの作業量を必要とする．ただし，リレーショナルモデルを過小評価してはいけない．多くの構造化データのアプリケーションは高速性と信頼性を要求する．リレーショナルデータベース設計の重要な要件の一つとして "正規化" とよばれるプロセスがあり，これは，データの重複を最小限に抑え，それによる記憶容量の必要量を減らす役割をしている．それによりさらに高速なクエリが可能になる．とはいえ，データ量が増えるとこれらの従来型のデータベースのパフォーマンスは低下する．

問題は**スケーラビリティ**（拡大可能性）である．リレーショナルデータベースは基本的に一つのサーバー上で動作するように設計されているため，データが追加されるにつれて処理速度が遅くなり信頼性が低下する．スケーラビリティを達成する唯一の方法は，計算能力の追加であるが限界がある．これは垂直方向のスケーラビリティとして知られているものである．構造化データは，通常 RDBMS で保存および管理されるが，データがテラバイトまたはペタバイト以上と大きい場合，RDBMS は構造化データに対し効率的な機能が失われる．

リレーショナルデータベースの重要な特徴とそれらが有用である理由は，それらが以下に述べる特性をもつことである．すなわち，原子性（atomicity），一貫性（consistency），独立性（isolation），永続性（durability）と称される特性で，通常 **ACID** として知られている．原子性（不可分性）は不完全な**トランザクション**（操作）がデータベースを更新できないようにすることであり，一貫性（整合性）は仕様に整合しないデータを除外すること，独立性（分離性）はあるトランザクションが別のトランザクションと干渉しないようにすること，永続性（持続性）は次のトランザクションが実行される前にデータベースを更新しても以前のトランザクションを残すことを意味する．これらはすべて望ましい特性であるが，大部分が構造化されていないビッグデータの蓄積とアクセスには，まったく別のアプローチが必要である．

3・3 非構造化データの保存

　非構造化データに関しては，RDBMSはいくつかの理由でうまく働かない．特に，リレーショナルデータベーススキーマがいったん構築されると，その変更は容易ではないことがあげられる．非構造化データは，構造化データのように行と列に整理することはできない．これまで見てきたように，ビッグデータは高速でリアルタイムに生成され，リアルタイムでの処理が要求される．RDBMSは，これまでの多くの目的に対しては優れたもので非常に有用ではあるが，現在のデータ爆発を考えるとそれらのための新しいデータの蓄積および管理技術のための方法論の研究開発が必要となる．

　巨大なデータセットの保存のため，データはサーバー間に分散される．関係するサーバーの数が増えるにつれ，障害の発生する可能性も高くなるため，同じデータのコピーを作成し，それらを異なるサーバーに保存しておくことが重要となる．実際，現在ではごく大量のデータが処理されていることから，システム障害は避けられないと考えられていて，それへの対処法がデータの保存方法の中に組込まれている．では，処理速度と信頼性に対する需要はどのように満たされるのであろうか．

3・4 Hadoop 分散ファイルシステム

　分散ファイルシステム（distributional file system, **DFS**）は，多くのコンピューターにわたるビッグデータ用の効果的で信頼性の高い記憶領域を提供する．Googleによって2003年10月に発表されたGoogleのファイルシステムの影響を受けて，当時Yahoo!で働いていたDoug Cuttingは，ワシントン大学の大学院生でもあった同僚のMike Cafarellaと共に，Hadoop DFSの開発に着手した．**Hadoop**は，最も人気のあるDFSの一つであり，Hadoopエコシステムというさらに大きなオープンソースソフトウェアプロジェクトの一部である．Hadoopは，Cuttingの息子がもっていた黄色いぬいぐるみのゾウにちなんで名付けられ，汎用的なプログラミング言語であるJavaで書かれている．たとえば，Facebook，Twitter，またはeBayなどを使用している場合には，Hadoopはそのバックグラウンドで動作している．それは，半構造化データと非構造化データの両方の保存を可能にし，データ分析のためのプラッ

トフォームを提供している.

　Hadoop DFS を用いると, データは世界中のデータセンターに物理的に配置
されている多数の, 多くの場合数万ものノードに分散される. 図3・1は, 一
つのマスターネームノードと多数のスレーブデータノードで構成される一つの
Hadoop DFS クラスターの基本構造を示している.

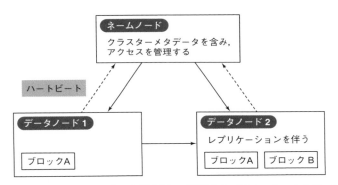

図3・1　Hadoop DFS クラスターの概念図　　　[訳注] レプリケーションとは, あるコン
ピューターやソフトウェアの管理するデータの集合の複製（レプリカ）を別のコンピュー
ター上に作成し, 通信ネットワークを介してリアルタイムに更新を反映させて常に内容を
同期すること.

　ネームノード（NameNode）は, クライアントコンピューターから入ってく
るすべての要求の処理にあたり, 記憶スペースを分散して, 記憶媒体の可用性
とデータの格納場所を追跡する. また, すべての基本的なファイル操作（ファ
イルを開く, 閉じるなど）を管理し, クライアントコンピューターによるデー
タアクセスを制御する. **データノード**（DataNode）は実際にデータを格納す
るが, そのために必要に応じてブロックを作成, 削除あるいは複製する役割を
果たす.

　データの複製は Hadoop DFS の重要な機能である. たとえば, 図3・1では,
ブロックAがデータノード1とデータノード2の両方に格納されていること
がわかる. データノードに障害が発生しても他のノードが引継いで続行できる
ように, 各ブロックのコピーをいくつか格納することが重要である. これによ
りデータを失うことなく処理タスクが使用できる. どのデータノードに障害が
発生したかの追跡のため, ネームノードは3秒ごとに**ハートビート**とよばれる

メッセージをそれぞれから受信する．メッセージが受信されない場合は，問題のデータノードが機能しなくなったとみなされる．たとえば，データノード1がハートビートの送信に失敗した場合，データノード2がブロックAの操作を請け負う作業ノードになる．おおもとのネームノードの機能が失われると状況は異なり，その場合は，組込みのバックアップシステムを使用する必要が出てくる．

データはデータノードに一度だけ書き込まれるが，アプリケーションによって何度も読み取られる．各ブロックは通常64 MB程度の記憶容量しかもたないので，多くのブロックを用意する必要がある．ネームノードの機能の一つは，高速のデータアクセスと処理を保証するため，現在の使用状況に基づいて最適なデータノードを決定することである．その後，クライアントコンピューターは選択されたノードからデータブロックにアクセスする．データノードは，増加するストレージ要件の要求に従ってその数を増加させる．これは**水平スケーラビリティ**とよばれる特性である．

リレーショナルデータベースに対するHadoop DFSのおもな利点の一つは，膨大な量のデータを収集し，それをどのような目的で用いるかはその時点では判然としていなくても，それらを追加し続けることができる点である．たとえばFacebookは，Hadoopを使用して増え続ける膨大なデータを蓄積し続けている．データはすべて蓄積され，しかも，蓄積は元のデータの形式で行われるため，データが失われることはない．必要に応じたデータノードの追加は容易かつ安価であり，既存のノードを変更する必要はない．また逆に，既存のノードが不要になった場合にはそれらの機能の停止は容易になされる．これまで見てきたように，識別可能な行と列をもつ構造化データはRDBMSに簡単に保存でき，一方で非構造化データはDFSを使用して安く簡単な保存が可能となる．

3・5 ビッグデータ用のNoSQLデータベース

NoSQLは，非リレーショナルデータベースをさすために用いられる総称で，"Not only SQL（SQLだけではない）"の略号である．SQLを使用しない非リレーショナルモデルが必要な理由は何か．単純かつ明確な答えは，非リレーショナルモデルは継続的に新しいデータを追加できるからである．非リ

レーショナルモデルは，ビッグデータの管理に必要とされる三つの機能，すなわちスケーラビリティ，可用性，およびパフォーマンスをもっている．リレーショナルデータベースでは，機能を失うことなく垂直方向への拡張はできないが，NoSQLでは水平方向に拡張するため，パフォーマンスの維持が可能になる．NoSQL および分散型データベースインフラストラクチャ，およびそれらがビッグデータに適している理由を説明する前に，CAP 定理について述べておこう．

3・6　CAP 定理

2000 年に，カリフォルニア大学バークレー校のコンピューターサイエンスの教授である Eric Brewer は，**CAP**〔一貫性（consistency），可用性（availability），分断耐性（partition tolerance）〕**定理**を発表した．分散データベースシステムの枠組みでは，一貫性とは，データのすべてのコピーがノード間で同じでなければならないという要件をさす．したがって，たとえば図3・1では，データノード1のブロックAはデータノード2のブロックAと同じである必要がある．可用性は，ノードに障害が発生しても他のノードが機能することを意味する．データすなわちデータノードは物理的に異なるサーバーに分散されているため，これらのマシン間の通信に障害を生じることがある．この発生は，**ネットワークパーティション**とよばれる．分断耐性は，これが発生してもシステムは動作し続けることを意味する．

CAP 定理の主張は，データが共有されている分散型コンピューターシステムでは，これら三つの基準のうちの二つしか満たすことができないということである．ここで三つの可能性がある．すなわちシステムは，一貫性があり可用，一貫性があり分断耐性をもつ，または分断許容度があり可用，のいずれかである．RDMS では，ネットワークは分割されていないため，一貫性と可用性のみが問題になり，RDMS モデルはこれらの両方の基準を満たしている．NoSQLでは，必ずパーティションが行われるため，一貫性と可用性のどちらかを選択する必要がある．可用性を犠牲にすることで一貫性が達成される．代わりに一貫性を犠牲にすると，データがサーバーごとに異なることになる．

この状況の説明のための方法として，頭字語 **BASE** (basically available, soft,

and eventually consistent: 基本的に利用可能でソフトかつ最終的に整合的）が
用いられる．これは，リレーショナルデータベースにおける ACID に対応する
ものである．ここでいうソフトとは，一貫性要件における柔軟性を意味する．
この目的は，前項の 3 要件のいずれかを放棄することではなく，三つすべてを
考慮して最適化する方法，すなわち本質的に妥協点を見つけることである．

3・7　NoSQL データベースのアーキテクチャ

　NoSQL という名称は，SQLではデータベースの照会はできないという事実
に由来している．したがって，たとえば，図 3・1 で見たような結合は不可能
なのである．非リレーショナルデータベースまたは NoSQL データベースには，
主として四つのタイプがある．それらは，識別子（キー）と値（key-value），
列ベース（column-based），ドキュメント（document），グラフ（graph）で
ある．これらはすべて，大量の構造化データおよび半構造化データの格納に役
立つ．最も単純なのは，表 3・1 に示すように，識別子（キー）とそのキーに
関連付けられたデータ（値）で構成される識別子・値データベースである．値
（value）には複数のデータ項目を含めることができる．

表 3・1　識別子（キー）と値のデータベース

識別子（キー）	値
Jane Smith Tom Brown	住所：○○市●●通り 33 性別：男性；婚姻の有無：既婚；子供の数：2 人； 　　好きな映画：シンデレラ，ドラキュラ，パットン

　もちろんキーと値のペアは多数あり，新しいペアの追加または古いペアの削
除は簡単に実行でき，それによってデータベースが水平方向に拡張可能（ス
ケーラブル）となる．その主たる機能は，与えられたキーに対応した値を調べ
ることが可能であるという点である．たとえば，キー"Jane Smith"の入力に
より，住所を見つけることができる．膨大な量のデータを扱う場合，これは高
速で信頼性が高く，短時間で拡張可能なストレージソリューションを提供する
が，クエリ言語がないために制限がある．列データベースと文書データベース
は，キー値モデルの拡張である．

　グラフデータベースは異なるモデルに従い，ソーシャルネットワーキング

サイト（**SNS**）で人気があるだけでなく，ビジネスアプリケーションでも有用
である．特に SNS で用いられる場合，これらのグラフはきわめて大きくなる
のが普通である．この種のデータベースでは，情報は頂点（ノード）および辺
（エッジ）として格納される．たとえば，図 3・2 のグラフは五つのノードを示
し，それらの間にある矢印はそれらの間の関係を表す．ノードを追加，更新，
削除するとグラフが変わる．この例では，ノードは人の名前または部署であ
り，エッジはそれらの間の関係を示す．データは，エッジの参照によりグラフ
から取得される．したがって，たとえば，"子供を扶養している IT 部門の従
業員の名前"を見つけたい場合，"Bob"が両方の基準を満たしていることがわ
かる．これは有向グラフではないことに注意すべきである．矢印ではなくリン
クを探索するのである．

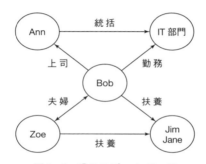

図 3・2　グラフデータベース

　現在，**NewSQL** とよばれるアプローチがニッチ（隙間）で動こうとしてい
る．NoSQL データベースのパフォーマンスとリレーショナルモデルの ACID
の性質の組合わせにより，この潜在的な力をもつテクノロジーの目的は，リ
レーショナルモデルにおけるスケーラビリティの問題を解決して，ビッグデー
タに対する有用性を高めることである．

3・8　クラウドストレージ

　現代の多くのコンピューター用語と同様に，クラウドは親しみやすく，何と
なくなじみ深いものに聞こえるが，実際には"クラウド"は，前述のように世
界中のデータセンターにおける相互接続されたサーバーのネットワークをさす

用語である．これらのデータセンターは，ビッグデータを保存するための基地
（ハブ）を提供する．

　インターネットを介し，さまざまな会社が有料で提供するリモートサーバー
を用いることにより，私たちはファイルの保存や管理，あるいはアプリの実行
が可能となる．あなたのコンピューターや他のデバイスがクラウドへのアクセ
スに必要なソフトウェアをもっている限り，あなたは何処からでも自分のファ
イルを参照でき，また，他の人がそうすることを許可したりもできる．個々の
コンピューターではなくクラウドに置かれたソフトウェアを使用することも可
能となる．すなわち，インターネットにアクセスするだけでなく，そこにある
情報を保存しかつ処理する手段をもつことになる．これが**クラウドコンピュー
ティング**とよばれる所以である．私たち個々のクラウド上のストレージに対す
るニーズはそれほど大きくはないが，それらを合算するととてつもなく膨大な
情報量となる．

　Amazon はクラウドサービスの最大のプロバイダーであるが，彼らによって
管理されるデータの量は商業上の秘密となっている．2017 年 2 月に Amazon
Web Services のクラウドストレージシステムである S3 が重大な機能停止を起
こし，サービスが失われた．そのときに発生した事象の調査により，クラウド
コンピューティングの重要性を知ることができる．この機能停止は約 5 時間続
き，Netflix，Expedia，および米国証券取引委員会を含む多くのウェブサイト
やサービスへの接続が失われた．Amazon は後に，その原因は人為的ミスで
あったと報告し，従業員の 1 人が誤ってサーバーをオフラインにしてしまった
のが原因であると述べた．このときの大規模システムの再起動は当初の予想以
上に時間がかかったが，結局は正常な状態に復帰することができた．たとえ正
常な状態に戻ったとはいえ，この事件は，本当に過失によるものであったのか
あるいはハッキングによるものかに関わらず，インターネットの脆弱性の一端
を浮き彫りにしている．

3・9　情報損失のないデータ圧縮

　2017 年に，ICT 関連の有力企業である International Data Corporation（IDC）
は，デジタル空間におけるデータ量は 16 ゼタバイト（ZB）すなわち 16×10^{21}

バイトにも上ると推定している．最終的には，デジタル空間が拡大し続けるに
つれ，実際にどの種のデータを保存する必要があるのか，いくつのコピーを保
持するのか，そしてどのくらいの期間対処可能な状態にしておく必要があるの
かという問題が生じる．データの保存には膨大なコストがかかり，しかもどの
データが重要であるかが必ずしも明確でない場合には，データの消去により未
来に必要である真に貴重なデータが失われる可能性がある．これはビッグデー
タの存在理由（レゾンデートル）に関わる問題であり，定期的にデータを消去
もしくはアーカイブするか否かはきわめて困難な選択を私たちに迫ることにな
る．そこで，膨大な量のデータの保存が必要となり，コンピューターの記憶容
量を最大限生かすためにデータの圧縮が必要となる．

　電子的に収集されたデータの品質にはかなりのばらつきがあることから，そ
れらを有効に分析する前に，一貫性，重複，および信頼性に関するチェックを
含む前処理を施す必要がある．データから抽出された情報に頼るのであれば，
一貫性は明らかに重要な要件である．不要な重複の削除はどのデータセットで
も適切な管理方法である．しかし，きわめて大きなデータセットでは，それら
すべてのデータを保存するのに十分な記憶領域がない可能性がある．データ
は，ビデオや画像などではその冗長性を減らすために圧縮され，それによって
ストレージ要件が減少し，ビデオの場合はストリーミングレートが向上する．

　データ圧縮には，情報の損失を伴うものと伴わないものとがある．情報損失
を伴わない可逆圧縮では，すべてのデータが保存されるため，これはテキスト
データに対して特に有用である．たとえば，拡張子が .ZIP のファイルは情報
を失うことなく圧縮されるため，ファイルを解凍すると元のファイルに戻る．
たとえば文字列 "aaaaabbbbbbbbbb" を "5a10b" として圧縮すれば，解凍に
より元の文字列に復元できることは容易に理解できるであろう．圧縮には多く
のアルゴリズムがあるが，まずはデータを圧縮せずに格納する方法の検討は有
用である．

　ASCII（情報交換用アメリカ標準コード）は，データをコンピューターに保存
できるようにエンコードするための標準的な方法である．各文字は ASCII コー
ドによって指定されている．すでに見たように，データは 0 と 1 の列として格
納される．これらの 2 進数はビットとよばれる．標準 ASCII は，各文字を格

納するために8ビット（1バイト）を使用する．たとえば，ASCIIでは文字"a"
は10進数の97で示され，2進数では01100001に変換される．これらの値は
標準的なASCIIテーブルとして提供され，その一部は本書の最後に掲載して
いる．アルファベットの大文字には異なるASCIIコードが割り当てられる．

　例として表3・2にコード化された文字列"added"を考えてみよう．

表3・2　コード化された文字列

	文 字 列				
	a	d	d	e	d
ASCII	97	100	100	101	100
2進表示	01100001	01100100	01100100	01100101	01100100

　表3・2に見るように"added"には5バイト，すなわち5×8＝40ビットの
記憶容量が必要である．復号化はASCIIコードの参照によって行われる．し
かしこれは，データの保持と復号のためには経済的な方法ではない．1文字当
たり8ビットが多すぎることもあり，テキスト文書では一部の文字が他の文字
よりもはるかに頻繁に使用されるという事実も考慮されていない．可変長符号
化を用いた記憶容量の使用量が少ない**Huffman**アルゴリズムのような特定の
文字の出現頻度に基づく手法のように，多くの情報損失のない（lossless）デー
タ圧縮モデルがある．そこでは最も出現頻度の高い文字には短いコードが与え
られる．

　"added"という文字列を再度見てみると，"a"が1回，"e"が1回，"d"
が3回出現している．"d"が最も多く出現するため，ここに最も短いコード
を割り当てる．各文字のHuffmanコードを見つけるために，"added"の文字
を次のように数える．

$$1a \rightarrow 1e \rightarrow 3d$$

　次に，出現頻度が低い二つの文字，すなわち"a"と"e"に対し，図3・3の

図3・3　二 分 木

ように**二分木**（二進木ともいう）とよばれる構造を形成する．木（ツリー）の頂上にある 2 という数字は，最も頻度の低い文字の出現数を加えたものである．

図 3・4 では，文字 "d" が 3 回出現することを表す新しいノードを示している．

図 3・4　新しいノードを加えた二分木

図 3・4 は完成したツリーの上部に文字の出現回数の合計を示したものである．図 3・5 に示すように，ツリーの各辺は 0 または 1 のいずれかとしてコード化され，コードはツリー上のパスをたどることによって検出される．

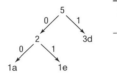

文字	コード（ビット）
a	00
e	10
d	1

図 3・5　完全な二分木

これより，"added" は a＝00，d＝1，d＝1，e＝10，d＝1 とコード化され，0011101 となる．この方法により，文字 "d" の格納に 3 ビット，文字 "a" に 2 ビット，文字 "e" に 2 ビットの合計 7 ビットとなり，これは元の 40 ビットからの大きな改善である．

圧縮効率の評価は，ファイルの非圧縮サイズをその圧縮サイズで割った値として定義されるデータ圧縮率によって行われる．ここでの例では，45/7＝6.43 という高い圧縮率になり，記憶容量のかなりの節約を示している．実際に用いられるツリーは非常に大きく，洗練されかつ複雑な数学的手法を使って最適化されている．ここで述べた方法は，元のファイルに含まれている情報を失うことなくデータを圧縮することから可逆圧縮とよばれる．

3・10　情報損失のあるデータ圧縮

音声や画像などのファイルは，通常のテキストファイルに比べるとはるかに容量が大きいため，ファイルの圧縮には非可逆圧縮とよばれる別の手法が用い

られる．音声や画像を扱う場合，可逆圧縮方式ではデータの保存を実行可能にするための十分に高い圧縮率が得られないことがあるためである．また，音声や画像ではある程度の情報損失は許容されうるという側面もある．非可逆圧縮では，元のファイルの一部のデータを削除することで重要な情報を活かすことができ，結果として必要な記憶容量の削減が可能となる．基本的な考え方は，画像や音声の認識に過度の影響を与えずにそれらの一部を削除することである．

たとえば，海辺でアイスクリームを食べる子供のモノクロ写真，より正確にはグレースケール画像として説明されている写真を考えてみよう．非可逆圧縮では，画像全体すなわち子供の画像と海の画像から同じ量のデータが削除される．削除されるデータの割合は，結果として得られる圧縮された画像に対する視聴者の認識に大きな影響を与えないように計算される．圧縮しすぎるとぼやけた写真になってしまう．すなわち，圧縮レベルと画質の間にはトレードオフの関係がある．

グレースケール画像の圧縮では，まずそれを8ピクセル×8ピクセルのブロックに分割する．これらの面積はきわめて小さいので，すべてのピクセルは一般的にトーンが似かよったものとなる．この事実は，私たちの画像の知覚についての知識とともに，非可逆圧縮の基本となるものである．各ピクセルは，純粋な黒の場合の0から純粋な白の場合の255の間の対応する数値をもち，その数字はグレーの濃淡度合いを表している．離散コサインアルゴリズムとよばれる方法を使用してさらに処理を行った後，各ブロックの平均強度値が求められ，その結果がそれぞれのブロック内の実際の値と比較される．実際の値と平均値との比較では，それらの差はほとんど0もしくは四捨五入して0になる．非可逆圧縮のアルゴリズムは，これらのブロックは画像の認識において重要度の低いピクセルであると判断し，それらを0すなわちブロック内のピクセルに同じ値を割り当てる．さらに画像全体に対して，量子化とよばれる手法を用いて冗長な情報を取除くことでファイルの圧縮が行われる．たとえば，それぞれが1バイトのストレージを必要とする64個のブロックのうち，0が20個ある場合，圧縮後に必要なのは45バイトのストレージだけになる．このプロセスは，画像を構成するすべてのブロックに対して繰返され，冗長な情報は全体にわたって削除される．

　カラー画像の場合，たとえば**JPEG** (joint photographic experts group) ア
ルゴリズムは，赤，緑，および青を認識し，人間の視覚の特性に基づいてそれ
ぞれ異なる重みを割り当てる．人間の目は赤や青よりも緑を知覚しやすいの
で，緑の重みは最も大きくなる．カラー画像の各ピクセルには，三要素〈R, G,
B〉として表される赤，緑，青の重みが割り当てられる．技術的な理由から，
三要素〈R, G, B〉は通常別の三要素〈RYCbCr〉に変換される．ここでYは
色の強度を表し，CbとCrは両方とも実際の色を表すクロミナンス値とよばれ
るものである．複雑な数学的アルゴリズムを用いて，各ピクセルの値を減らし，
最終的に保存されるピクセル数を減らすことによって非可逆圧縮の達成が可能
となる．

　一般にマルチメディアファイルはサイズが大きいため，情報損失を伴う方法
で圧縮されている．ファイルの圧縮率が高いほど再生品質は低下するが，デー
タの一部の犠牲によって高い圧縮率を達成でき，ファイルサイズを小さくする
ことが可能となる．

　1992年にJPEGによって最初に作成された画像圧縮の国際標準に従い，JPEG
ファイルフォーマットは，カラー写真とグレースケール写真の両方を圧縮する
ための最も一般的な方法を提供している．このグループは非常に活発に活動
し，現在でも年に数回の会合をもっている．

　海辺でアイスクリームを食べている子供のモノクロ写真の例をもう一度考え
てみよう．理想的には，この画像の圧縮では子供に注目した部分は鮮明に保ち
たく，それを達成するためには背景の細部はある程度犠牲にしても構わないで
あろう．UCLAのHenry Samueli工学・応用科学部の研究者によって開発さ
れたデータワープ圧縮とよばれる新しい方法は，現在これを可能にしている．
この方法にさらに詳しく知りたい読者は，巻末の"参考文献と追加情報"を参
照されたい．

　分散データファイルシステムを使用してビッグデータを格納し保存する方法を
説明した．ビッグデータを用いることで，以前は答えられなかった質問・疑問
に何らかの解答を与えることができる程度には，ストレージの問題も解決され
つつある．第4章で説明するように，Hadoop DFSに格納されているデータの
処理では，MapReduceとよばれるアルゴリズム方式が用いられる．

4

ビッグデータ分析

　これまでビッグデータの収集方法と保存方法について概観してきたが，ここでは，それらのデータから顧客の嗜好や感染症の拡散の速さなどの経済・社会的に有用な情報の発見のために用いられる手法を見ていく．これらの手法を包括した用語である"ビッグデータ分析"は，データセットのサイズが大きくなることで，古典的な統計手法の変化も余儀なくさせ，新しいパラダイムが構築されつつあることも内包している．

　第3章で紹介した Hadoop は，分散ファイルシステムを介してビッグデータを格納する手段を提供する．ビッグデータ分析の例として MapReduce を見てみよう．これは分散データ処理システムであり，Hadoop エコシステムの中心的な機能の一部を形成していて，Amazon, Google, Facebook, および他の多くの企業や組織が Hadoop を用いてデータを格納しかつ処理している．

4・1　MapReduce

　ビッグデータを扱う一般的な方法は，それを小さな部分（チャンク）に分割してそれぞれを個別に処理することである．そのためには，必要な計算やクエリをきわめて多くのコンピューターに分散させる必要があり，**MapReduce** はこの処理を実行している．MapReduce の動作を示すため，非常に単純化された例を見ていく．ここでは説明のため手作業で行う必要からかなり単純化されたものであるが，大量のデータを並行して処理するためには通常何千ものプロセッサが使用される．その処理過程は拡大可能（スケーラブル）であり，実際

には非常に独創的なアイデアによるものであるが，そこで何が実際に行われているかの理解は比較的容易である．

　この分析モデルはいくつかの部分からなる．すなわち，map コンポーネント，shuffle ステップ，reduce コンポーネントである．map コンポーネントはユーザーによって書かれ，興味のあるデータをソートする役割を果たす．shuffle ステップはメインの Hadoop MapReduce コードの一部であり，データをキーでグループ化し，最後にユーザーによって作成される reduce コンポーネントによって各グループを集約し，最終的な結果を得てそれを HDFS（Hadoop DFS，§3・4 参照）に送信して格納する．

　たとえば，Hadoop 分散ファイルシステムに，はしか，ジカウイルス感染症（ジカ熱），結核（TB），エボラウイルス病（エボラ出血熱）に関する各統計情報が含まれる次のようなキーをもつファイルが格納されているとする．疾患名がキーとなり，その下に各疾患の患者数が与えられている．ここでは各疾患の患者数の合計に関心があるとする．

File 1:	File 2:	File 3:
Measles,3	Measles,4	Measles,3 Zika,2
Zika,2 TB,1 Measles,1	Zika,2 TB,1	Measles, 4 Zika,1
Zika,3 Ebola,2		Ebola,3

Measles：はしか　　　Zika：ジカウイルス感染症（ジカ熱）
TB：結核　　　　　　Ebola：エボラウイルス病（エボラ出血熱）

　map 関数（mapper）は，図4・1に示すように，各入力ファイルを1行ずつ個別に読み取り，次にこれらの各行のキーと値のペアを返す．

　ファイルを分割して分割ごとにキーを見いだしたうえで，マスタープログラムは，キーの値をソートしてシャッフルするというアルゴリズムの次のステップに移行する．図4・2に示すように，疾患はアルファベット順にソートされ，その結果は reducer が実行可能ファイルとして次に送られる．

　図4・2に示すように，reduce コンポーネントは map ステージと shuffle ステージの結果を結合し，結果としてそれぞれの疾患を別々のファイルに送る．アルゴリズムの reduce ステップでは，個々の値の合計を計算し，これらの結

果をキーと値のペアとして最終出力ファイルに送信し，DFS に格納する.

　これはきわめて小さな例ではあるが，MapReduce の使用により，きわめて

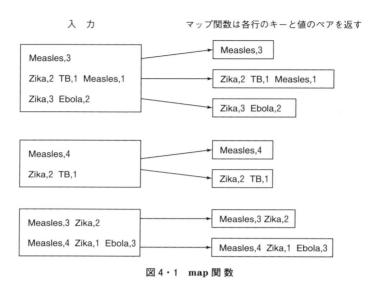

図 4・1　map 関 数

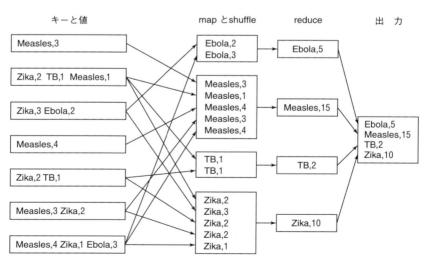

図 4・2　shuffle と reduce の機能

大量のデータの分析が可能になる．たとえば，インターネットの無料コピーを
提供する非営利団体である Common Crawl によって提供されたデータを使用
し，MapReduce を用いたコンピュータープログラムを書くことによって，イ
ンターネット上で各単語が出現する回数を数えることができる．

4・2　ブルームフィルター

　ビッグデータをマイニングするのに特に便利な方法は**ブルームフィルター**
（bloom filter）で，これは確率論に基づき 1970 年代に開発された手法である．
以下で説明するように，ブルームフィルターは特に，記憶容量に制限があり，
データをリストとみなすことができるアプリケーションに適している．

　ブルームフィルターの背後にある基本的な考え方は，データ要素からなるリ
ストに基づき，"リストに X はあるか?"という問いに答えるためのシステム
を構築したいということである．データセットが大きい場合，そのすべてに対
して検索することは多くの時間がかかり，有用ではない．そこで，確率的な方
法であるブルームフィルターを用いる．このアルゴリズムは，ある要素がリス
ト内にあるかどうかを決定する．"ある"としても実際にはその要素はリスト
内にないかもしれないのだが，このアルゴリズムはきわめて高速で，記憶容量
の制限の問題を解決し，実際上ある程度信頼に足る結果をもたらすため，デー
タから有用な知識を抽出する有力な手段である．

　ブルームフィルターには多くの用途がある．たとえば，特定のウェブアドレ
スが悪意のあるウェブサイトにつながるかどうかの確認のために用いることが
できる．この場合，ブルームフィルターは悪意のある既知の URL のブラック
リストのように機能し，クリックしたものが安全かどうかを迅速かつ正確に確
認することができる．また，新たに悪意があることが判明したウェブアドレス
をブラックリストに追加することもできる．2017 年現在，世界中で 10 億を超
えるウェブサイトが存在し，さらに毎日サイトが追加されているため，悪意の
あるサイトの追加はビッグデータ分析の大きな課題となっている．

　関連した例としては，スパムメールの可能性やフィッシング（詐欺）の疑い
のある悪質な電子メールメッセージの摘出がある．ブルームフィルターの使用
により，各電子メールアドレスが簡単にチェックでき，必要な場合には直ちに

警告を発することが可能となる．各メールアドレスは約 20 バイトからなるので，それらをすべて保存してチェックするのはきわめて時間がかかるタスクである．警告は瞬時に行う必要があるため，ブルームフィルターが使用され，それにより保存すべきデータ量を劇的に減らすことが可能となる．このフィルターの機能を見るため，小さなブルームフィルターを作成してその処理法を示すことにする．

　次の電子メールアドレスのリストに対し，それらに悪意があるというフラグを付けたいとする：＜aaa@aaaa.com＞；＜bbb@nnnn.com＞；＜ccc@ff.com＞；＜dd@ggg.com＞．ブルームフィルターの構築のためにまず，10 ビットのメモリが利用可能であるとする．これはビット配列とよばれ，最初は空である．ビットには通常二つの状態（0 または 1）があり，初めはビット配列内のすべての値を 0 に設定する．これは空を意味する．次に示すように，値が 1 のビットは，対応したインデックスが少なくとも 1 回割り当てられたことを意味する．

　ビット配列のサイズは固定されていて，追加するケースの数にかかわらず同じとする．表 4・1 に示すように，配列内の各ビットにインデックスを付ける．

表 4・1　10 ビットの配列

インデックス	0	1	2	3	4	5	6	7	8	9
ビット値	0	0	0	0	0	0	0	0	0	0

　ここでハッシュ（hash）関数を導入する．ハッシュ関数は，指定されたリストの各要素を配列のいずれかの位置にマッピングするように設計されたアルゴリズムである．これを実行すると，電子メールアドレスそのものではなく，マッピングされた位置のみを配列に格納することにより必要な記憶容量が削減できる．

　ここでの例示では，二つのハッシュ関数を使用した結果を示すが，通常は 17 個または 18 個の関数をはるかに大きい配列と共に使用する．これらの関数はおおむね各インデックスに一様にマップするように設計されているので，ハッシュアルゴリズムが異なるアドレスに適用されるたびに，各インデックスが選択される可能性は等しくなる．

そのため，まずハッシュアルゴリズムで各電子メールアドレスを配列のインデックスの一つに割り当てる．

aaa@aaaa.com を配列に追加するには，まずハッシュ関数 1 を使用して配列のインデックス（位置）の値を返す．たとえば，ハッシュ関数 1 がインデックス 3 を返したとする．ハッシュ関数 2 が再び aaa@aaaa.com に適用され，インデックス 4 が返される．これら二つの位置は，それぞれ格納ビット値が 1 に設定される．インデックスがすでに 1 の場合は 1 のままとなる．同様に bbb@nnnn.com を追加すると，位置 2 と 7 が指定されて 1 に設定され，ccc@ff.com が位置 4 と 7 に指定される．最後に dd@ggg.com にハッシュ関数を適用する．これらの結果をまとめたものが表 4・2 である．

表 4・2　ハッシュ関数の結果

データ	ハッシュ 1	ハッシュ 2
aaa@aaaa.com	3	4
bbb@nnnn.com	2	7
ccc@ff.com	4	7
dd@ggg.com	2	6

実際のブルームフィルター配列は表 4・3 のようであり，指定された場所には 1 が格納されている．

表 4・3　悪意のあるメールアドレスに対する
ブルームフィルターの結果

インデックス	0	1	2	3	4	5	6	7	8	9
ビット値	0	0	1	1	1	0	1	1	0	0

この配列はブルームフィルターとして次のように用いられる．今，ある電子メールを受信し，そのアドレスが悪意のある電子メールアドレスリストに入っているかどうかを確認したいとする．受信した電子メールは 2 と 7 の位置にマッピングされると仮定する．表 4・3 ではそれらはどちらも値 1 をもっている．したがって，返される値はすべて 1 になり，それは悪意があるとされたリストに属していて，おそらく悪意のあるものであると判断される．インデックス 2 と 7 は他のアドレスのマッピングの結果であり，インデックスは複数回使

用される可能性があるため，受信したメールのアドレスが本当にリストに属している とは限らない．すなわち，実は悪意がなくていわゆる偽陽性となっている可能性は否定できない．しかし，逆に値 0 の配列インデックスがハッシュ関数によって返された場合（一般には 17 個または 18 個の関数が存在することに注意），そのアドレスはリストにないことが確実にわかる．すなわち，悪意があるのにないとされる偽陰性は生じないのである．

　用いられる数学は複雑であるが，配列のサイズが大きいほど 0 の値が多くなり，誤検出の可能性が低くなることがわかる．配列のサイズは使用されるキーとハッシュ関数の数によって決定される．フィルターが効果的に機能し，誤検出数を最小限に抑えるためには，配列は相当数の 0 を確保するのに十分な大きさでなければならない．

　ブルームフィルターは，高速に不正なクレジットカード取引を検出するきわめて有用な方法を提供する．フィルターは，特定の項目が特定のリストまたはセットに属しているかどうかの確認の働きをする．異常な取引には通常の取引のリストに属していないというフラグが立てられる．たとえば，あなたがクレジットカードで登山用具を購入したことがないとすると，ブルームフィルターは疑いがあるとして購入リストの中の登山ロープの購入にフラグを立てる．一方，たとえば登山用の靴を購入した場合，ブルームフィルターはこの購入を許容できないものと識別するかもしれないが実はそれは誤りであったという可能性はある．

　ブルームフィルターは，スパムメールのフィルタリングにも使用できる．それがスパムかどうかは受信時点では正確にはわからないという意味でスパムフィルターはよい例である．探索しているのはパターンであり，たとえば mouse という単語を含む電子メールメッセージをスパムとして扱う場合は，m0use や mou$e などのバリエーションもスパムとして扱いたいであろう．しかし，バリエーションではなく特定の単語と一致しないものを見つけ出す方がはるかに容易であるので，mouse だけがスパムと認識されることになる．

　ブルームフィルターはまた，ウェブサイトのパフォーマンスの向上に興味をもつ人にとって重要な，ウェブクエリのランキングに使用されるアルゴリズムの高速化にも使用される．

4・3　PageRank

　Google で検索すると，検索語との関連性に従ってランク付けされたウェブサイトの一覧が返ってくる．Google はおもに **PageRank** とよばれるアルゴリズムの適用によってこの順序付けを行っている．PageRank という名前は，Google の創設者の一人である Larry Page が共同創設者の Sergey Brin と共同でこの新しいアルゴリズムに関する論文を発表した際に選ばれたと一般に信じられている．2016 年夏まで PageRank の結果は，Toolbar PageRank のダウンロードによって一般に公開されていた．公開された PageRank ツールは 1 から 10 のカテゴリーからなっていた．その公開が撤回される前に，私はいくつかの結果を保存していた．ノート PC で Google に "Big Data" と入力すると，PageRank 9 で "約 370,000,000 件（0.44 秒）" というメッセージが表示された．このリストのトップは宣伝サイトであり，次が Wikipedia であった．PageRank 9 で "data" を検索すると，0.43 秒で約 5,530,000,000 件の結果が返された．PageRank 10 の他の例としては，米国政府のウェブサイト，Facebook，Twitter，European University Association などがある．

　PageRank の計算法は，ウェブページを対象とするリンク数に基づいている．リンクが多いほどスコアが高くなり，それによりページのランクが上位になる．ページへの訪問回数は反映されない．あなたがウェブサイトのデザイナーであれば，たいていの人は上位の三つないし四つのサイト以外のものは見ないので，検索された際にリストの上位に位置されることを欲するであろう．そのためには膨大な数のリンクを必要とするが，その結果，ほぼ必然的にリンクの取引市場が形成されるようになってしまった．Google は，この人工的なランキングを，関連する企業に 0 の新しいランキングを割り当てることによって，あるいは Google からそれらを完全に削除することによって対処しようとしたが，これは問題を解決できなかった．取引は地下に潜り，リンクは売られ続けたのである．

　PageRank 自体は放棄されておらず，現在でも公開されてはいないが大規模なランキングプログラムの一部を構成している．追加されたリンクや新しいウェブサイトを反映するため，Google はランキングを定期的に再計算している．PageRank は商業的に微妙であるので，詳細は一般に利用可能ではない

が，例によって一般的な考えを知ることはできる．このアルゴリズムは，確率
1は確実性，確率0は不可能，それ以外はすべて0と1の間の値をもつという
確率論に基づいてウェブページ間のリンクを分析する複雑な方法を提供してい
る．ランキングがどのように機能するかの理解には，まず確率分布がどのよう
に見えるかを知る必要がある．ゆがみのない6面体のサイコロを振ったとき，
出る目は1から6で，それぞれが同様に確からしいので，それらの目の出る確
率はすべて1/6である．取りうるすべての値に確率を付随させることにより，
値の確率分布を構成することができる．

　重要度に従ってウェブページをランク付けするという問題に話を戻すと，そ
れぞれが等しく重要であるとはいえないので，各ウェブページに確率を割り当
てる方法があれば，それが重要性の合理的な指標を与えるといえよう．その
ためPageRankなどのアルゴリズムでは，ウェブ全体の確率分布が構築され
る．これの説明のため，任意のウェブページから始めて，利用可能なリンクを
使用して別のページに移動するウェブのランダムなサーファーを考えてみよ
う．

　単純な例として，ビッグデータ1，ビッグデータ2，ビッグデータ3という
三つのウェブページだけで構成されているウェブを考えよう．ビッグデータ2
からビッグデータ3，ビッグデータ2からビッグデータ1，およびビッグデー
タ1からビッグデータ3へのリンクのみがあるとする．このとき，ウェブは図
4・3のように表現され，ノードがウェブページに，矢印（エッジ）がリンク
になる．

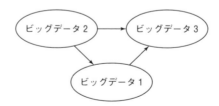

図4・3　ウェブのサイトの関係を表現する有向グラフ

　各ページには，その重要性または人気を示すPageRankがある．ビッグデー
タ3は，最もリンク数が多く人気が高いため，最もランクが高くなる．ランダ

ムなサーファーがウェブページを訪問したとすると，彼または彼女は足して1
になる投票権をもち，投票はウェブページの次の選択の間で均等に分割され
る．たとえば，ランダムサーファーが現在，ビッグデータ1にアクセスしてい
る場合，唯一の選択はビッグデータ3へのアクセスである．そのため，ビッグ
データ1からビッグデータ3に1が投票される．

　実際のウェブでは常に新しいリンクが作成されている．たとえば図4・4
に示すように，ビッグデータ3からビッグデータ2へのリンクが作成された
とする．このとき，ランダムサーファーはビッグデータ3の次にビッグデー
タ2に行く可能性が出てきたことから，ビッグデータ3のPageLinkは変化す
る．

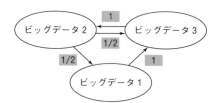

図4・4　追加されたリンクをもつウェブサイトの関係を表す有向グラフ

　ランダムサーファーがビッグデータ1から始めた場合，次の唯一の選択は
ビッグデータ3のアクセスである．よって投票の1票はビッグデータ3に行
き，ビッグデータ2は票が得られない．ビッグデータ2から始めた場合には，
票はビッグデータ3とビッグデータ1に均等に分けられる．最後に，ランダム
サーファーがビッグデータ3から始めたときは，彼または彼女の票全体が
ビッグデータ2に行くことになる．これらの投票結果をまとめると表4・4の
ようである．

表4・4　各ウェブページへの投票結果

	BD1による 投票の割合	BD2による 投票の割合	BD3による 投票の割合
BD1への投票の割合	0	1/2	0
BD2への投票の割合	0	0	1
BD3への投票の割合	1	1/2	0

表4・4を使用して，次のように各ウェブページに投票された総投票数がわかる．

<blockquote>
BD1 への投票数は 1/2（BD2 から来る）

BD2 への投票数は 1（BD3 から来る）

BD3 への投票数は 3/2（BD1 と BD2 から来る）
</blockquote>

サーファーの開始ページの選択はランダムであるため，それぞれのページは最初に同じ確率の 1/3 の PageRank が割り当てられる．この例で必要な Page-Rank を作成するには，各ページの投票数の割合に応じて初期の PageRank を更新することになる．

たとえば，BD1 は，BD2 から来た 1/2 票をもっているので，BD1 の Page-Rank は $1/3 \times 1/2 = 1/6$ となる．同様に，BD2 の PageRank は $1/3 \times 1 = 2/6$ で与えられ，BD3 の PageRank は $1/3 \times 3/2 = 3/6$ となる．すべての PageRank を加えた和は 1 になるので，これにより各ページの重要度を示すランクの確率分布が得られる．

しかし，ここで複雑な問題が生じる．ランダムなサーファーが最初にどのページにもいる確率も 1/3 であると述べた．これより，1 ステップ後にランダムサーファーが BD1 にいる確率は 1/6 になる．では，2 ステップ後ではどうなるであろうか．これもまた，これまでと同様 PageRank を投票として用いて新しい PageRank を計算する．しかし，計算の元となる現在の PageRank は BD ごとに異なるが，計算法は同じであるので，PageRank の値はわずかに異なるものとなる．すなわち，BD1 の PageRank は 2/12，BD2 の PageRank は 6/12，BD3 の PageRank は 4/12 となる．これらの反復に基づく計算は，アルゴリズムが収束するまで繰返される．すなわち，計算値が収束して定常状態に至るまで計算プロセスが続行される．最終的に定常状態に達したときのランキングを用いて，PageRank は個々の検索に対してランキングの高いページを選択して提示することになる．

Page と Brin は，彼らの最初の研究論文で，ランダムサーファーが現在のページのリンクのいずれか一つをクリックする確率として定義された減衰係数 d を含む PageRank の計算法を提示した．ランダムサーファーが現在のペー

ジ上のリンクを一つもクリックしない確率は 1−d で，これはランダムサーファーがウェブサーフィンを終了したことを意味する．十分な回数の反復計算の後に PageRank がウェブ全体で平均して 1 に収束するのは，この減衰係数によるものである．Page と Brin は，3 億 2200 万リンクからなるウェブでは 52 回の反復で収束したと述べている．

4・4　公開データセット

　グループや個人がそれぞれの興味に基づくプロジェクトに自由に用いることのできるデータセットがある．この章で述べた Common Crawl はその一例である．2016 年 10 月に Amazon Public Datasets Program が主催した Common Crawl の月別アーカイブには，32.5 億以上のウェブページが含まれているとされた．**公開データセット**（public dataset）には，ゲノムデータ，衛星画像あるいは世界のニュースデータなど幅広い専門分野のものがある．そして，自分でコンピュータープログラムのコードを書かないであろう人々のために，Google の Ngram Viewer はいくつかの大きなデータセットを対話的に分析する興味深い方法を提供している（詳細については巻末を参照）．

4・5　ビッグデータパラダイム

　ビッグデータが有用である状況をこれまでいくつか見てきた．また第 2 章では，スモールデータについて説明した．小規模データの分析では，科学的な手法は十分に確立されていて，そこでは必然的にデータと分析者との対話的な相互作用を伴う．アイデアを思いつき，それに基づいて仮説やモデルを定式化し，そしてそれを検証する方法が適用される．著名な統計学者である George Box は 1978 年に，“すべてのモデルは誤りであるが，なかには役に立つモデルもある”と書いている．彼が指摘しているのは，極端に言えば，統計的および科学的モデルは私たちの周りの世界を“正確に”表現したものではないが，よいモデルは現象の理解にはきわめて有用で，それに基づくことで，妥当な予測や結論の導出が可能となるということである．しかし，これまでに示したように，ビッグデータを扱うときは，この方法には必ずしも従わない．データセットが人間の知覚能力を超えて大きいため，人間の代わりに機械による自動

的な推論がより優勢なものとなる.

　1962 年に出版された有名な著作において，Thomas Kuhn は科学的な革命について論じた．通常，規範的な科学（normal science）は，長い時間をかけて確立されかつその有用性が検証されていくものである，しかし，その規範のもとでは説明できない現象などが研究者などの手によって徐々に蓄積され，それによってその科学あるいはパラダイムの土台が揺るぐことになる．これは科学的な"危機"であり，それがパラダイムシフトを誘発する．新しいパラダイムが受容されるためには，古いパラダイムのもとで生じていた問題に対して妥当な解答を与えなければならない．しかし，一般には，新しいパラダイムが前のパラダイムを完全に凌駕し駆逐するというものではない．たとえば，ニュートン力学からアインシュタインの相対性理論への移行は，ニュートンの法則を過去の遺物とするのではなく，科学が世界を見る方法を変えることに寄与したのである．すなわち，ニュートン力学は物理学的にはより広い範囲を包含する相対性理論の特別なケースとして認識されている．古典的な統計学からビッグデータ分析への移行もまた大きな変化を意味し，パラダイムシフトの多くの特徴をもっている．そのため，この新しい状況への対処法や新技術を開発する必要がある．

　観測データにおける変数間の相関関係を見いだし，それに基づいてある種の予測を行うことを考えよう．古典的な統計学では，相関は因果関係を意味しないといわれている．たとえば，大学の教員は学生の講義への欠席数と成績との関係を調べたりする．そして，両者間に明白な相関関係があったとしたら，教員は，学生の成績の予測のために講義への欠席数を説明変数に用いることが考えられる．しかし，欠席によって成績が悪くなるとの因果関係的な結論を下すのは正しくないかもしれない．単に計算結果を見ただけでは，二つの変数が相関している理由を知ることはできない．不真面目な学生が講義を休みがちになっているのか，あるいは能力はあるが病気で欠席を余儀なくされた学生が講義に追いつくことができなかったのかもしれない．どの相関関係が有用であるかの決定には，人間による現象の理解と結果の解釈が必要とされる．

　ビッグデータでは，相関を扱う際にさらに大きな問題が生じる．大規模なデータセットでは，扱う変数の数が膨大であるため，機械的な計算によって得

られた相関関係のなかには，多数の偽相関が混入してしまう．たとえば，離婚率とマーガリンの消費量間に高い相関があるなどという関係が見いだされる．これは，メディアなどで報告されている多くの誤った相関の一つにすぎず，どちらも人口が多ければ増加する類の変数である．偏相関という統計手法の適用などにより，この種の相関が無意味であると立証することは可能である．しかし，変数の数が多くなると，見かけの相関の数も増える．これはビッグデータから有用な情報を抽出しようとする際の一つの大きな問題である．ビッグデータのマイニングと同様に，通常私たちは，因果ではなくデータの示すパターンや相関を探しているに過ぎないためである．第5章では，Google Flu Trendsが予測に失敗したのは，この見かけの相関のためであったことを述べる．

5

ビッグデータと医療

　ビッグデータ分析は医療の世界も大きく変えつつある．その可能性には未知の部分もあるが，医学的な診断，疫病の流行予測，政府の健康情報に対する公衆の反応の測定，医療システムに関連するコストの削減などが含まれる．ここでは現在，医療情報学とよばれる分野の動向を中心に見ていく．

5・1　医療情報学

　医療ビッグデータは，これまでの章で説明した手法を用いることで，収集，保存，分析がなされる．医療情報学，臨床情報学および生物情報学などの多くの関連分野では，ビッグデータの活用により，患者へのケアのさらなる改善，医療コストの削減などの実現が期待されている．ここでは，第2章で説明したビッグデータの定義とされる，ボリューム，多様性，速度，真実性が，医療データにどのように関係しているのかを検討する．たとえば，疫病に関するデータがその流行の状況把握のためにソーシャルネットワーキングサイト（SNS）を通じて収集される場合は，ボリュームおよび速度の条件は満たされる．病院における患者記録は，構造化および非構造化の両方のテキストフォーマットで蓄積され，MRIなどによるセンサーデータも収集されることから，多様性も満足する．真実性は医療応用における基本であり，不正確なデータを排除するために多大の注意が払われる．

　ソーシャルメディアは，Facebook，Twitter，ブログ，掲示板，インターネット検索などのサイトからのデータ収集を通じて，医学的に関連した潜在的な情

報の収集を可能とする貴重な情報源である．特定の医療問題に焦点を絞った掲示板が多く運用され，豊富な非構造化データが提供されている．第4章で取上げた手法を用いて，Facebook や Twitter などでの投稿がマイニング（蓄積かつ分析）され，薬物相互作用や薬物乱用に関する有益な情報を医療従事者に提供している．公衆衛生関連の研究におけるソーシャルメディアデータのマイニングは，今や学術界においても重要な研究手段として認知されている．

　世界的な医療ネットワークであり，自称 “世界最大のヘルスケアデータ収集会社” である Sermo Intelligence のような医療専門家向けの指定ソーシャルネットワーキングサイトは，医療に携わる人々に対し，さまざまな情報源を互いに結ぶことにより，即時性のあるクラウドソーシングの便益を提供している．オンラインでの医療アドバイスサイトはますます普及してきていて，それ自体さらに多くの情報を生成している．しかし，公にはアクセス可能ではないがおそらく最も重要な情報源は，通常は単にイニシャル **EHR** でよばれる**電子健康記録**（electronic health records）のもつ膨大なデータである．これらの記録は，各個人における診断，処方された薬，X線のような医療画像，病歴あるいはその他の関連情報を含む詳細な健康情報記録を電子的に提供する．これにより，この章の後の部分で言及する “仮想患者” を構成する．ビッグデータを使用して患者の治療を改善しコストを削減するだけでなく，さまざまなオンラインソースから生成された情報の集積により，新たな疫病の流行の予測などが可能になる．

5・2　**Google Flu Trends**

　毎年，多くの国と同様に米国でもインフルエンザが流行し，その結果，医療資源が消費され，多くの人命が失われている．疫病などの監視機関である米国疾病管理センター（CDC）は，ビッグデータ分析を通じて疾病の拡大を予測し，それに対する対策を講じるための研究者の取組みを支えると原動力となっている．

　Google Flu Trends チームは，検索エンジンのデータを用いてインフルエンザの流行を予測するプロジェクトを開始した．彼らは，どのようにしたらCDC が独自のデータの処理によって現在行っているものよりも速く，年間の

インフルエンザ流行の経過が予測できるのかに興味をもっていた．2009 年 2 月に著名な科学誌 *Nature* に発表されたレターの中で，6 人の Google ソフトウェアエンジニアのチームが，彼らの取組み内容を説明した．データを使って年間の米国のインフルエンザの流行の経過を正確に予測できれば，その対策を講じることで人々の生命を救い，医療資源を節約することができる．Google チームは，インフルエンザに関連する検索エンジンのクエリを収集し分析することによって予測が可能であろうと考えた．オンラインデータを使用してインフルエンザの流行を予測しようとするこれまの試みは，失敗したかあるいは限定的な成功しか収めていなかった．しかし，これらの先駆的な初期の研究の失敗から学び，Google と CDC は，検索エンジンのクエリによって生成されたビッグデータを使用して流行の追跡の改善に成功することを期待していた．

　CDC とその欧州版である European Influenza Surveillance Scheme (EISS) は，自施設でインフルエンザ様の症状を呈している患者数を報告している医師を含むさまざまな情報源からデータを収集している．このデータの収集と照合および分析には通常 2 週間程度かかるが，インフルエンザの流行はそれを上回る速さで広がってしまう．そこで，インターネットからリアルタイムで収集されたデータを使用して，Google/CDC チームは，流行予測の精度を改善し，1 日以内の結果の提供を目指した．これを実施するため，インフルエンザ治療薬や症状に関する個々のインターネット検索から医療アドバイスセンターへの電話などの大量データに至るまで，インフルエンザ関連の検索クエリに関するデータが収集された．Google は，2003 年から 2008 年の間に蓄積した膨大な量の検索クエリデータを利用した．データの IP アドレスによって，検索クエリが生成された場所の地理的な場所が特定され，州別にデータがグループ化された．CDC のデータは，それぞれいくつかの州からなる 10 地域（たとえば，地域 9 はアリゾナ，カリフォルニア，ハワイ，ネバダを含む）における過去の累積データを含む形で収集され，それらは予測モデルに統合された．

　Google Flu Trends プロジェクトでは，インフルエンザ関連のオンライン検索の数と手術のための医療機関への訪問回数との間に高い相関関係があるという結果を，これまでの経験上既知ではあるがデータの分析の中から見いだした．特定の地域の多くの人々がインフルエンザ関連の情報をオンライン検索し

ている場合，隣接地域へのインフルエンザの広がりの予測が可能かもしれない．彼らの関心は個人というより全体の傾向を見いだすことにあるため，データは匿名化され，それゆえに個人からの同意は必要とされなかった．CDCデータと同期間に限定され，インフルエンザシーズン中にのみ収集された5年間のデータの蓄積を用いて，Googleはすべてのインフルエンザ関連事象をカバーする5000万もの検索クエリの毎週の発生頻度をカウントした．その後，これらの検索クエリ数をCDCインフルエンザデータと比較し，最も高い相関をもつものをインフルエンザトレンドモデルで使用した．Googleは，インフルエンザ関連の上位45の検索用語を使用し，その後これらの用語を検索クエリで追跡した．検索用語の完全なリストは秘密であったが，たとえば，"インフルエンザの合併症"，"風邪/インフルエンザの治療"，"一般的なインフルエンザの症状"などを含んでいた．過去のデータは，選択された検索用語に対する現在のインフルエンザの流行状況を評価するためのベースラインとして提供され，新しいリアルタイムデータがそれらとの比較によって，1〜5の尺度（5が最も重篤）で分類された．

2011年〜2012年および2012年〜2013年の米国のインフルエンザシーズンに使用されたGoogleのビッグデータアルゴリズムは，残念ながら成功しなかったことで有名である．インフルエンザシーズンが終わった後，その予測はCDCのもつ実際のデータとの比較によりチェックされた．入手可能なデータからインフルエンザの傾向をよく表現するモデルを構築したはずであったが，Google Flu Trendsアルゴリズムは，それを適用した年でインフルエンザの症例数を少なくとも50%過大予測してしまった．モデルがうまく機能しなかった理由はいくつかあった．研究チームの期待に合わないため，一部の検索語は意図的にモデルから除外された．よく知られた例では，インフルエンザとは無関係であろう高校のバスケットボールデータがCDCデータと高度に相関していたが，それはモデルから除外された．予測変数の候補のなかから最も適切な変数を自動的に選択する変数選択の手法は，必ずしも効果を上げるとは限らないことから，偏りを避けるためのアルゴリズム上の調整が行われるのが通例である．Googleはアルゴリズムの詳細を明らかにしなかったが，高校のバスケットボールがトップ100に入ったことだけをあげ，インフルエンザと

バスケットボールの両方が同じ時期にピークに達したことを指摘してその排除を正当化した.

　すでに述べたように，Googleはモデルの構築の際に，インフルエンザの予測因子として45の検索用語を使用した．たとえば，"インフルエンザ"という語は検索対象だったが，"風邪薬"の検索など，重要で関連性のある情報は気づかれず報告もされなかった．検索語を十分多くすることで予測の精度は向上するが，数が多すぎると過学習の問題が生じて予測精度も低下する可能性がある．すなわち，現在のデータをトレーニングデータとして使用して将来のデータ傾向を予測するモデルを構築すると，特に予測変数が多すぎる場合，トレーニングデータ内のほんの小さなランダム変動であってもそれがモデル化されるため，モデルはトレーニングデータにきわめてよく適合するが予測においては過学習あるいは過剰適合とよばれる現象をひき起こす．この一見逆説的な現象は，チームによって十分に考慮されていなかった．高校のバスケットボールは単にインフルエンザの流行期と一致しただけとしてモデルから除外することは合理的ではあるが，5000万もの検索語があることから，CDCデータと強く相関するがインフルエンザとは無関係なものを選択してしまう愚は避けられない.

　インフルエンザのような症状で医師を訪ねると，インフルエンザではないと診断されることがよくある（たとえば，それは単なる風邪だとされる）．Googleが使用した検索エンジンのクエリから選択的に収集されたデータには，たとえば，コンピューターを使わない人のデータやGoogleでない他の検索エンジンを使った人々のデータは得られないなど，明らかに偏りがあり，結果として科学的に妥当でない結果をもたらした．また，事態を一層悪くしたこととして，"インフルエンザ症状"でGoogle検索した人がおそらく複数のサイトにアクセスすることで何度も数えられ，そして，その結果カウント数を膨らませてしまったことがあげられる．加えて，検索の振舞いは，特に感染症の伝搬などの場合，経時的に変化するので，そのモデルを定期的に更新することにより時間に関する情報を取込む必要がある．予測にエラーが発生し始めると，それらは時間を追うごとに増長する傾向がある．これはGoogle Flu Trendsの予測でも発生したことである．ある週でのエラーは次の週に影響を及ぼす

のである．また，検索クエリは実際に発生した語そのものを別個に扱い，スペルまたはフレーズに従ってグループ化していなかった．Google の例では，"indications of flu" と "flu indication" と "indication of the flu" は別のものとしてカウントされていた．

　2007 年～2008 年にまでさかのぼる彼らの仕事は，ときに行き過ぎもあったものの大きな批判にさらされてきたが，その理由は，透明性の欠如，たとえば選択された検索用語のすべてを明らかにすることの拒絶，学術界からの照会への無回答などに起因するものであった．検索エンジンのクエリデータは計画された統計的な実験の結果ではないが，その種のデータの分析によって有用な知識を抽出する方法の確立は，種々の分野の人々のコラボレーションを必要とする新しい挑戦的な分野である．2012 年～2013 年のインフルエンザシーズンに向けて，Google はアルゴリズムを大幅に変更し，Elasticnet とよばれる比較的新しい数学的手法を適用した．これは，必要な予測変数を選択してその個数を削減するための手段である．2011 年に，Google はデング熱の追跡のための同様のプログラムを開始したが，もはや予測を公表せず，2015 年に Google Flu Trends は活動を停止した．しかし，彼らは現在も取得したデータを学術研究者と共有し，今後の研究に役立てようとしている．

　Google Flu Trends は，流行予測にビッグデータを使用するという初期の試みの一つであり，それに続く研究者に有益な洞察を提供した．結果は当初の期待には応えられなかったが，将来的にはよりよい技術が開発され，疫病の流行の追跡におけるビッグデータ活用の可能性が十分に発揮されるように思われた．そのような試みの一つは，Wikipedia のデータを使用して，米国のロスアラモス国立研究所の科学者グループによって行われた．カーネギーメロン大学の Delphi Research Group は，2014～2015 年と 2015～2016 年の両年度で，CDC の主催するコンテスト Predict the Flu において最も正確な予測を行ったということで優勝した．このグループは，インフルエンザの流行の監視において，Google，Twitter，Wikipedia のデータを使用していた．

5・3　西アフリカのエボラウイルス病（エボラ出血熱）の発生

　世界は過去に多くの感染症を経験してきた．1918 年から 1919 年のスペイン

のインフルエンザ（通称スペイン風邪）では，2千万人から5千万人の間の死
者を含み，合計で約5億人もの人が感染した．このウイルスについては当時ほ
とんど知られておらず，効果的な治療法もなく，公衆衛生的な対応も限られて
いた．この状況は，1948年に世界保健機関（WHO）が発足し，世界規模での
協力と共同作業を通じて世界の健康を監視し改善することにより変化に転じた．
2014年8月8日，国際保健規則緊急委員会の電話会議で，WHOは西アフリカ
でのエボラウイルスの発生を正式に"国際的に懸念される公衆衛生上の緊急事
態（PHEIC）"と位置付けると発表した．WHOによって定義された用語によ
ると，エボラウイルス病（エボラ出血熱）の発生は，それを封じ込めるために，
そしてパンデミックを避けるために，前例のない国際的な努力を必要とする"重
大事象"であるとした．

　おもにギニア，シエラレオネ，リベリアに発生した2014年の西アフリカの
エボラウイルス病は，米国の年間インフルエンザ発生とは異なる一連の問題を
提起した．エボラに関する過去のデータは，まったく得られないかあるいは
あったとしてもきわめて限定的なもので有効には利用できないものであった．
したがってその対処には新しい戦略を開発する必要があった．人口移動の知識
が公衆衛生の専門家にとって流行の拡大の監視に有用であったことから，携帯
電話会社が保有する情報は，ウイルスの拡散を防ぎ最終的には命を救うため
に，感染地域への旅行制限などの対策を講じる目的で用いることができると考
えられていた．結果として得られた疫病発生のリアルタイムモデルは，病気が
次に最も起こりそうな場所はどこであるかを予測し，それによって患者の救済
などの医療資源をそこに集中することが可能となった．

　携帯電話から取得できるデジタル情報は，発信者と受信者の両方の電話番
号，発信者のおおよその位置（携帯電話で電話をかけると，中継基地局の位置
などによってその発信場所がおおむね特定される）などの基本的なものであ
る．このデータへのアクセスは多くの問題をひき起こした．特に，追跡される
人たちは特に同意を与えたわけでもないのに，彼らの通話などのデータにより
個人が識別されるなど，プライバシーの問題が中心的な話題となった．

　エボラの影響を受けた西アフリカ諸国では，携帯電話は貧しい農村地域では
ほとんど普及していなかったというように，その普及度合いは一様ではなかっ

た．しかし，たとえば 2014 年の流行の影響を直接受けた 2 カ国であるリベリアとシエラレオネでは，2013 年には携帯電話の保有は人口の半数程度であったが，人の移動を追跡に十分なデータを提供することができた．

　過去の携帯電話のデータのうちのあるものが，スウェーデンを拠点とする非営利団体である Flowminder Foundation に渡され，世界のより貧しい国々に影響を与える公衆衛生上の問題に関するビッグデータを扱うことに利用されている．2008 年，Flowminder は，WHO によるマラリア撲滅イニシアチブの一環として，モバイル通信事業者データを使用して医学的に困難な環境での人口移動を追跡した最初の企業であり，その理由によりエボラ危機に取組むために選ばれたのである．著名な国際チームが，匿名化された過去データを用いてエボラの影響を受けた地域の人口移動の地図を作成した．しかし，この過去データは，人々の行動パターンが変化していたことで，あまり使用されなかった．しかしそれは，緊急事態の際に人々がどこに移動する傾向があるかに関する情報を与えてくれた．携帯電話の通話記録は，リアルタイムでの人々の活動の詳細を提供してくれるのである．

　しかし，WHO によって公表されたエボラウイルス病の予測値は実際に記録されたデータより 50% 以上高かった．

　Google Flu Trends 分析とエボラ分析の両方の問題は，使用された予測アルゴリズムが初期データのみに基づいていて，刻々と変化する現実を考慮に入れていないという点で類似していた．基本的に，これらのモデルはそれぞれ，医療介入が始まる前と同じ割合で今後も症例数が増え続けると想定していた．明らかに，医学的および公衆衛生的な措置は患者数の減少というプラスの効果をもたらすと予想されるが，これらはモデルに反映されていなかったのである．

　ヤブカによって伝染するジカウイルスは，1947 年にウガンダで最初に報告されて以来，アジアとアメリカ大陸にまで広がっている．2015 年にブラジルで確認された現在のジカウイルスの発生により，別の PHEIC が発生した．Google Flu Trends あるいはエボラ発生時でのビッグデータを用いての統計的なモデリングから得られた教訓として，現在ではデータを複数のソースから収集する必要があることの重要性が一般的に認識されている．Google Flu Trends プロジェクトは独自の検索エンジンからのみデータを収集したことを

思い出して欲しい.

5・4　ネパール地震

　ビッグデータを使った疫病流行の追跡の将来はどうなるのだろうか. 携帯電話の詳細な通話記録（CDR）のリアルタイム性は, ネパールの地震やメキシコでの豚インフルエンザの発生に至るまで, 災害時の人口移動の監視の支援のため用いられてきた. たとえば, 2015 年 4 月 25 日のネパール地震の後, サウサンプトン大学とオックスフォード大学の科学者と米国と中国の研究機関からなる国際的な Flowminder チームは, 人口移動の推定値の提供のために CDR を使用した. ネパールの人々の大部分は携帯電話を所有していて, 1200 万人の携帯電話加入者の匿名化データの使用によって, Flowminder チームは地震の 9 日以内の人口移動が追跡できた. この迅速な対応は, 部分的にはネパールの主要なサービス提供者との契約の締結によるものであり, その技術的な詳細は運よく災害の 1 週間前に完成したものであった. プロバイダのデータセンターに 20 TB のハードドライブを搭載した専用サーバーを用意することで, チームはすぐに作業が開始でき, その結果, 地震発生後 9 日以内に災害救援組織が情報を利用できるようになったのである.

5・5　ビッグデータとスマート医療

　患者が医師の診察室や病院を訪れるたびに, 電子データが定期的に収集される. 電子的な健康記録（**電子カルテ**）は, 患者の健康管理担当者の法的な文書であり, 病歴, 処方薬, 検査結果などの詳細が記録されている. 電子健康記録はまた, 磁気共鳴画像法（MRI）スキャンなどのセンサーデータをも含んでいる. データは匿名化され, 研究目的で用いられることがある. 2015 年には, 米国の平均的な病院には 600 TB を超えるデータが蓄積されていると推定されているが, そのほとんどは非構造化データである. 患者のケアの改善やコスト削減に資する情報を得るため, この種のデータはどのように生かされるであろうか. すなわち, 構造化データおよび非構造化データの両方から, 患者に関連する特徴を識別し, 分類や回帰などの統計的手法を使用して結果がモデル化される. 患者の診療記録はおもに非構造化テキストの形式であり, これらを効果

的に分析するには，次のセクションで説明する IBM の Watson で使用されているような自然言語処理技術が必要とされる．

　IBM によると，2020 年まで医療データは 73 日ごとに倍増すると予想されている．個人の健康状態のモニターのためウェアラブルデバイス（装着可能機器）が，毎日の歩数の記録，摂取カロリー量の計算，睡眠パターンの追跡，心拍数や血圧の測定のために利用されている．収集された情報は各人の PC にアップロードされ，記録は個人的に保管されるか，場合によっては雇用主と共有される．個人の健康に関するこの種の大量のデータは，医療従事者にとって貴重な公衆衛生データを提供するだけでなく，個人にとってもたとえば心臓発作の回避に役立つ有益な情報の提供源となる．また，大規模なデータベースは，薬剤のもたらすまれな有害事象の特定などの目的に用いられる．

　2003 年にヒトゲノムプロジェクト（Human Genome Project）が完成した後，遺伝子データはますます私たちの医療記録で重要度が高まり，同時に豊富な研究データを提供している．ヒトゲノムプロジェクトの目的は，ヒトのすべての遺伝子をマッピングすることであった．生物の遺伝情報はまとめてゲノムとよばれる．ヒトゲノムは約 2 万の遺伝子を含み，そのようなゲノムのマッピングには約 100 GB のデータを必要とする．もちろんこれは非常に複雑で特殊化された多面的な遺伝子研究の分野であるが，ビッグデータ分析の影響は興味深いものとなっている．収集された遺伝子に関する情報は大規模なデータベースに保存されているが，最近これらがハッキングされ，DNA を提供した患者が特定されることが懸念されている．セキュリティ上の理由から，あえて誤った情報をデータベースに追加する必要が示唆されているが，医学研究に役立たせるには不十分である．ゲノミクスによって生成されたビッグデータの管理・分析の必要性から，バイオインフォマティクスという学際的分野が盛んになってきている．遺伝子配列の決定は近年ますます急速かつはるかに安価になってきているので，個々のゲノムのマッピングは現在実用段階に入ったといえるだろう．これまでの 15 年間の研究費を考慮すると，最初のヒトゲノムシークエンシングには 300 万ドル近くかかっていた．しかし，現在では多くの企業はもっと手頃な価格で個人にゲノムシークエンシングサービスを提供している．

　ヒトゲノムプロジェクトから発展した Virtual Physiological Human（VPH）

プロジェクトは，医師が患者の膨大なデータに基づいて治療をシミュレート
し，特定の患者に最適な治療法を見いだすことを可能にする．類似の症状ある
いは他の医学的に関連のある種々の情報の取込みによって，コンピューターモ
デルが個々の患者に対する治療の予後の予測を行う．データマイニング技術も
用いられ，コンピューターシミュレーションと融合させることにより医療の個
別化が図られる．今後，MRI の結果はシミュレーション結果と統合されて提
供されるかもしれない．将来のデジタル患者は，スマートデバイスデータに
従って更新された実際の患者に関するすべての情報を含む．しかし，データの
セキュリティの確保はこの種のプロジェクトが直面している重要な課題であ
る．

5・6　医学における Watson

　2007 年に，IBM は米国のテレビゲームショー Jeopardy の優勝者に挑戦する
ためのコンピュータシステムの構築を決定した．このシステムは，IBM の創
設者である Thomas J. Watson にちなんで **Watson** と名付けられ，ビッグデー
タ分析を行うコンピュータープログラムである．Watson は，2 人の Jeopardy
チャンピオンと対戦した．一人は Brad Rutter で 74 回の連勝記録をもち，も
う一人は Ken Jennings で何とそれまで合計 325 万ドルを獲得していた．
Jeopardy は，番組の主催者が "答え" を出し，競技者が "質問" を推測する
というクイズ番組である．3 人の競技者がいて，その答えや手がかりは，科学，
スポーツ，世界史などのいくつかのカテゴリーに分けられ，中には "前・後"
のようなあまり標準的ではないカテゴリーもある．たとえば，"ハンプシャー
州の教会の墓地にある彼の墓石には，'ナイト，愛国者，医師，そして文学
者：1869 年 5 月 22 日 − 1930 年 7 月 7 日' と書かれている" という問いの答
えは "サー・アーサー・コナン・ドイルとは誰ですか？" である．"この人を
捕えろ" というカテゴリーで "19 人を殺害し，1995 年に逃亡し最終的に 2011
年にサンタモニカで捕えられたというこのボストン人" という問いの答え
は "Whitey Bulger とは誰ですか" である．Watson に情報として入力されたテ
キストおよびオーディオビジュアルは競技からは除外された．
　人工知能（**AI**）で知られているように，**自然言語処理（NLP**）は，コンピュー

ターサイエンスにとって大きな挑戦課題であり，Watson の開発にとってもきわめて重要なものであった．情報はアクセスかつ検索可能である必要があり，これは機械学習における課題でもある．研究チームは，Jeopardy の手がかりの分析から始め，手がかりに対応した答えの字句解答タイプ（LAT）を分類した．上述の２番目の例では，LAT は“このボストン人”である．最初の例ではLATはない．２万の手がかりを分析し，IBM チームは 2500 の固有の LATを見いだしたが，これらはすべての手がかりの約半分しかカバーしていなかった．次に，その手がかりを解析して複数のキーワードとそれらの間の関係を識別した．関連した文章がコンピューターに格納されている構造化データあるいは非構造化データから検索された．仮説が，最初の分析およびそれに続くより深い証拠の探索によって隠された答えが見つかるように生成された．

　Jeopardy で勝ち抜くには，高速で高度な自然言語処理技術，機械学習，統計分析が不可欠であった．考慮すべき他の要因としては，正確さとカテゴリーの選択があった．許容可能な性能の基準は，以前の優勝者のデータを使用して計算された．いくつもの試案，深い質疑応答分析（DeepQA）の後，多くのAI 技術の融合が解決策を与えた．このシステムは多くのコンピューターを並列処理するがインターネットには接続されておらず，それは確率と専門家の知識に基づいていた．回答を生成するだけでなく，Watson は信頼スコアリング・アルゴリズムを使用して最良の結果を見つけることを可能にした．その信頼限界に達したときだけ，Watson はそれが答えを出す準備が整ったことを示すが，それは回答ブザーを推す人間の競技者と同じである．Watson は２人のJeopardy チャンピオンを破った．Jennings 氏は，敗北してもなお寛大で，“私は新しい統治者としてのコンピューターシステムを歓迎します”と述べている．

　開発当初の Jeopardy Watson に基づいた Watson 医療システムは，構造化データと非構造化データの両方を取得してそれらを分析する．それは自身の知識ベースを構築するため，本質的に特定の領域における人間の思考過程のモデル化のシステムであるといえる．医学的診断は，利用可能なすべての医学的知識に基づいていて，基本的にエビデンスに基づくものであり，入力が正確でありかつすべての関連情報が含まれている限りにおいて正確であり一貫性があ

る．人間の医師は経験を積んでいるが間違いも犯しやすく，その診断能力も人によってまちまちである．新規開発されたコンピューター上のこの診断プロセスは，関連するすべての情報を考慮して結果を返ししかも信頼度が評価されるという意味で Jeopardy の Watson に似ている．Watson の組込み AI 技術は，医療用画像処理によって生成された膨大な量のデータを含むビッグデータの処理を可能にした．

　Watson スーパーコンピューターは，現在ではきわめて多様なアプリケーションをもつシステムであり，商業的に大きな成功を収めている．さらにWatson は，たとえば，シエラレオネでのエボラウイルス病の蔓延の追跡を助けるために特別に開発されたオープンウェア分析システムを通して人道的な活動に取組んできている．

5・7　医療ビッグデータのプライバシー

　ビッグデータは病気の蔓延を予測し，医療を個別化する可能性を秘めているが，コインの反対側，すなわち個人の医療データの機密性はどうなっているのであろうか．特にウェアラブルデバイスやスマートフォンアプリの使用が増えるにつれて，誰がデータを所有しているのか，どこにデータを保存しているのか，誰がアクセスして使用できるのか，というようなきわめて多様な倫理的および法的問題が生じるが，ここではそれらは取上げない．

　フィットネストラッカー（健康情報追跡機器）からのデータは，原理的には雇用主が利用できるようになっていて，実際に使用される可能性がある．たとえば好意的な側面として特定の測定基準を満たす人にボーナスを提供するためとか，あるいは逆に望ましくはないが要求標準に達していない人々を特定し何らかの措置を施すことにつながる．2016 年 9 月，ドイツのダルムシュタット工科大学とイタリアのパドヴァ大学の科学者による共同研究チームは，フィットネストラッカーのデータのセキュリティに関する研究結果を発表した．驚くべきことに，テストされた 17 のフィットネストラッカーでは，製造元は異なっていたのだが，データの変更を阻止するための安全性は十分ではなく，データの信頼性維持の機能をもったものは四つしかなく，それらでさえもすべて研究チームによって機能が解除されてしまった．

　国営ドーピングプログラムの報告に基づいて多くのロシアの選手の出場が制限されたリオオリンピックの閉幕直後の 2016 年 9 月, Williams 姉妹, Simone Byles, Chris Froome を含むトップアスリートの医療記録が, ウェブサイト FancyBears.net においてロシアのサイバーハッカーグループによってハッキングされ, 公にされてしまった. これらの医療記録は, **世界アンチドーピング機構（WADA）** がデータ管理システム ADAMS によって保持していて, 選手の治療目的に関する情報管理のために使用されていて, それ以外の目的に使用されることはない類のものであった. 最初の ADAMS ハックは, **スピアフィッシング** とよばれる電子メールによるものであった可能性がある. 電子メールが組織内の上級の信頼できる送信元から同じ組織のより若いメンバーに送信されるように見えるこの手法は, 上司などの信頼度を装い, コンピューターのアカウント情報やパスワードなどの機密性の高い情報を違法に取得するために使われる.

　サイバー攻撃からビッグデータ医療データベースを守り, 患者のプライバシーの保護がますます重視されつつある. 匿名化された個人医療データは合法的に販売されたりするが, それでも個々の患者の特定は可能な場合がある. 安全とされているデータの脆弱性を立証する実験として, Harvard Data Privacy Lab の科学者である Latanya Sweeney と Ji Su Yoo は, 合法的に入手可能な暗号化されたファイル（すなわち, 第 7 章で示すように簡単に読み取れないように処理されたファイル）が, ある種の操作の下で復号化でき, 公開されているレコードとのクロスチェックによって個々の患者を識別することができたと報告している.

　医療記録はサイバー犯罪者にとって非常に貴重なものである. 2015 年に, 健康保険会社 Anthem はそのデータベースがハッキングされ 7 千万人以上の人々が影響を受けたと報じた. 個人を特定するのに用いられる名前, 住所, 社会保障番号などが, 盗難されたパスワードを用いてシステムにアクセスし, トロイの木馬型マルウェアをインストールする Deep Panda という中国のハッキンググループによって持ち出されてしまった. 非常に重要なことは, 米国で固有の識別子として用いられている社会保障番号は暗号化されておらず, したがって, 個人情報の盗難を招く可能性がある. セキュリティ侵害の多くは人的ミス

から始まる．人々は多忙であるため URL (uniform resource locator) の微妙な違いには気づかない．フラッシュドライブなどのデバイスは紛失や盗難にあう恐れがあり，あるいは何ら疑いをもたない従業員が自分のデバイスを USB ポートに差し込んだ瞬間に詐欺プログラムであるマルウェアがインストールされたりもする．組織に不満を抱いた従業員の仕業とかあるいは正社員の単なる間違いの両方ともが多くのデータ漏洩の原因となっている．

　米国のメイヨー・クリニックやジョンズ・ホプキンズ病院，英国の国民健康サービス (NHS)，フランスのクレルモン–フェラン大学病院など，世界的に著名な医療機関によって，ヘルスケア管理における新しいビッグデータインセンティブがスタートし，クラウドベースのシステムによって，認証されたユーザーであれば世界中のどこからでもデータへのアクセスが可能なようにされようとしている．一例をあげると，NHS は 2018 年までにスマートフォンを介して患者記録を利用できるようにすることを計画している．これらの開発により必然的にデータへの攻撃が多くなり，データの安全性確保のための効果的なセキュリティ手法の開発にかなりの努力を費やす必要がある．

6

ビッグデータ，ビッグビジネス

　1920 年代，Corner House カフェで有名な英国のケータリング会社 J. Lyons and Co. は，ケンブリッジ大学の若手数学者 John Simmons を統計的な作業のため雇い入れた．1947 年に，Raymond Thompson と Oliver Standingford が Simmons によって実態調査のため米国に派遣された．彼らはそこで電子計算機に接し，この訪問において，日々必要とされる計算の能力を最初に知ったのであった．彼らからの報告に刺激を受けた Simmons は，会社に対し，コンピューターを導入するよう提案した．

　ケンブリッジ大学で電子遅延記憶自動コンピューター（EDSAC）の開発に従事していた Maurice Wilks との共同作業により，Lyons Electronic Office が生まれた．このコンピューターはパンチカードで実行され，1951 年に Lyons によって最初に使用されて数字の列を合計するなどの基本的な会計作業を実行した．Lyons は 1954 年までに独自のコンピューター事業を開始し，最初に LEO Ⅱ を続いて LEO Ⅲ を構築した．最初のオフィスコンピューターは，1950 年代にはバルブ（LEO Ⅰ の場合は 6000 個）と磁気テープを使用し，その搭載メモリ（RAM）はごくわずかなものであった．しかし，まだ当時の機械は信頼性が低く，その用途はきわめて限定的であった．Lyons Electronic Office は，最初のビジネスコンピューターとして広く知られるようになり，現代の電子商取引への道を切り開き，数回の合併の後，ついに 1968 年に新しく設立された International Computers Limited（ICL）の一部となった．

6・1　電子商取引

　LEO マシンとそれに続く大規模なメインフレームコンピューターは，会計や監査などの数値の計算のタスクに適合していた．それまで伝統的に数値の集計などの計算に多くの時間を費やしていた労働者は，代わりにパンチカードの作成をすることになったが，それは正確さを要求される退屈でないとも言えないものであった．

　さまざまな企業にとってコンピューターの使用が現実のものとなり，業務効率の改善とコスト削減を達成し，さらなる利益を生み出すためにそれを如何に活用できるかに関心が寄せられてきた．トランジスタの開発とそのコンピューターでの使用は，ますます機械の小型化をもたらし，1970 年代初頭には最初のパーソナルコンピューター（PC）が登場した．そして，International Business Machines（IBM）がデータ記憶装置としてフロッピーディスクを使用して IBM-PC を市場に出した 1981 年までには，コンピューターがビジネスで有用であるという考えは瞬く間に浸透していった．次世代の PC のワープロ機能と表計算機能は，ビジネスにおける日常的な事務作業の煩わしさの多くの部分の軽減に大きく寄与した．

　フロッピーディスクへの電子データの保存を容易にする技術は，近い将来には紙を使用せずにビジネスを効果的に運営するようになるという考えに至った．1975 年に米国の経済雑誌 *BusinessWeek* の記事は 1990 年までにほとんど紙のないオフィスが現実になるだろうと推測した．その基となる考えは，紙の使用の排除もしくは大幅な削減はオフィスがより効率的になり，コスト削減につながるというものであった．オフィスでの紙の使用量は，1980 年代にファイリングキャビネットに保存されていた事務文書の多くがコンピューターに格納された後にしばらくの間減少したがその後上昇に転じ，2007 年には主として文書コピーの用途のせいで史上最高水準に達した．しかし 2007 年以来，おもにモバイルスマートデバイスや電子署名などの技術が浸透したため，紙の使用は徐々に減少している．

　オフィスをペーパーレスにするというデジタル時代の早期の楽観的な願望はまだ満たされていないが，オフィス環境は電子メール，ワープロ，そして表計算ソフトにより革命的な変化を遂げた．しかし，電子商取引を取引の中心に据

えたのはインターネットの進化と拡充であった．

　オンラインショッピングはおそらく最も身近な例であろう．私たちはそれぞれ顧客として自宅での買物や時間のかかる店頭での行列を避けることの便利さを享受している．顧客にとってのデメリットはほとんどないが，取引の種類によっては，店舗の従業員との意思疎通がないためにオンラインでの購入が妨げられる場合がありうる．しかし，これらの問題は，インスタントチャット，オンラインレビュー，スターランキングなどの顧客同士でのオンライン顧客アドバイス機能，品揃えの豊富な商品とサービス，そして豊富な返品ポリシーによって克服されつつある．商品の購入と支払いだけでなく，請求書の発行，銀行業務の代行，航空券の購入，その他きわめて多くのサービスへのオンラインアクセスも可能になった．

　eBay のやり方はかなり異なり，きわめて大量のデータが生成されるためここで言及しておく価値がある．販売およびオークションの入札を通じて取引が行われることで，eBay は 190 カ国で 1 億 6000 万人のアクティブユーザーがウェブサイトで行ったすべての検索，販売，入札から収集した 1 日約 50 TB のデータを生成する．このデータと適切な分析を使用して，この章で後述する Netflix のシステムと同様の推奨システムが実装された．

　ソーシャルネットワーキングサイト（SNS）は，ホテルや旅行計画から，服，コンピューター，そしてヨーグルトに至るまで，あらゆるものに関する即時のフィードバックを企業に提供する．この情報の使用により，企業は，さまざまな問題が顕在化する前に，何が問題か，どうすればうまくいくのか，どの程度うまくいくのか，何が苦情をひき起こしているのかというさまざまな情報を知ることができる．さらに価値があるのは，以前の売上げやウェブサイトの活動に基づいて，顧客が購入したいものを予測できることである．Facebook や Twitter などの SNS は，企業がもし仮に適切な分析を行うことができれば彼らが恩恵を受けるであろう大量の非構造化データを収集している．Trip Advisor などの旅行ウェブサイトも，他の企業と情報を共有している．

6・2　クリック課金広告

　専門家は，ビッグデータの適切な使用により，商品購買の改善と的を絞った

広告の使用を通じて消費者に有用な情報を提供し，さらには新しい顧客を生み出すことができると指摘している．ウェブへのアクセスでは，私たちは常にオンライン広告を目にし，逆に eBay のようなさまざまな入札サイトに対し自分自身で無料広告を投稿するかもしれない．

近年最も人気のあるタイプの広告として，**ペイパークリックモデル**がある．これは，オンライン検索を行っている最中にそれに関連した広告がポップアップ表示されるシステムである．企業が特定の検索用語に関連した広告の表示を目論む場合，検索用語に関連したキーワードに対してサービスプロバイダに広告の表示を依頼する．彼らはまた，1日の最大予算を示しておく．広告は，その期間にどの広告主が最高入札したかに基づくシステムの計算結果に従って順番に，顧客に対して表示される．

広告がクリックされるごとに，広告主はあらかじめ定められた金額をサービスプロバイダに支払う．企業は，興味をもった顧客が自社の広告をクリックしたときにのみ料金を支払うため，ウェブサーファーがクリックする可能性を高めるよう，広告が検索語句にうまくマッチングさせる必要がある．そのための効果的なアルゴリズムを用いることで，Google や Yahoo! などといったサービスプロバイダも収入の増加が得られる．クリック課金広告の最もよく知られた例は，Google の **Adwords** である．Google で検索すると，自動的に画面の横に表示される広告は Adwords によって生成される．この手法の欠点は，広告主の入札でクリックが高くつく可能性があることで，また広告の掲載スペースが限られていることから，広告量におのずと制限が生まれる．

クリック詐欺も問題である．たとえば，競合他社がある企業の予算を浪費させるため広告を繰返しクリックすることがありうる．またはクリックボットとよばれる悪意のあるコンピュータープログラムがクリックの生成のために使用される可能性もある．この種の詐欺の被害者は広告主である．なぜなら，サービスプロバイダは支払いを受ける側であり，顧客は金銭の授受に関与していないからである．ただし，セキュリティを確保し，収益性の高いビジネスを展開することはプロバイダの利益のためになることから，不正行為の防止のために多くの措置が取られている．最も簡単な方法は，実際の購入に要した平均クリック数の追跡である．これが突然増加した場合，あるいはクリック数が多い

が実際の購入がない場合には，不正なクリックが発生している可能性がある.

　クリック課金制とは対照的に，ターゲット広告は各人のオンライン活動の履歴に基づいている. これがどのように機能するのかを見るため，第 1 章で簡単に述べた Cookie について詳しく見ていく.

6・3　Cookie (クッキー)

　この用語は，1979 年にオペレーティングシステム UNIX が Fortune Cookie とよばれる，大規模データベースからランダムに生成されたメッセージをユーザーに提供するプログラムを実行したときに最初に出現した. **Cookie** にはいくつかの形式があり，それらはすべて外部から発信されたもので，ウェブサイトやコンピューター上でのユーザーの活動の記録を残すために使用される. ウェブサイトにアクセスすると，コンピューターに保存されている小さなファイルからなるメッセージがウェブサーバーからブラウザに送信される. このメッセージは Cookie の一例であるが，ユーザー認証を目的としたものやサードパーティー（第三者団体）の追跡を目的としたものなど，他にも多くの種類がある.

6・4　ターゲット広告

　インターネット上でのクリックはすべて収集され，**ターゲット広告**に使用される. このユーザーデータはサードパーティーの広告ネットワークに送信され，Cookie としてコンピューターに保存される. ネットワークでサポートされている他のサイトをクリックすると，以前に見た商品の広告が画面に表示される. Mozilla Firefox の無料アドオンである Lightbeam を使用すると，どの企業があなたのインターネット活動データを収集しているかを追跡することができる.

6・5　推奨システム

　推奨システム（recommender system）は，ユーザー個々の興味に基づいて情報が提供されるフィルタリングメカニズムを提供する. ユーザーの興味に基づかない他のタイプの推奨システムは，他の顧客がリアルタイムで見ているも

のを示し，これらはしばしば"トレンド"として表示される．これらのシステムを使用する企業の例として，Netflix，Amazon，Facebook などがあげられる．顧客に推奨する製品を決定する一般的な方法は，**協調フィルタリング**である．このアルゴリズムは，個々の顧客に関して，彼もしくは彼女の以前の購入や検索履歴のデータを収集し，これを他の顧客の好嫌に関する膨大なデータベースと比較して，さらなる購入をひき起こすであろう推奨を行う．ただし，単純な比較では一般的によい結果は得られない．次の例を見てみよう．

オンライン書店が料理本を顧客に販売するとしよう．すべての料理本を推薦するのは簡単であろうが，このやり方では新規購入の確保に成功する可能性は低い．あまりにも多くの本があることに加え，顧客は自らの好みに従って行動するからである．必要とされてるのは，顧客が実際に購入する可能性のある本の数を減らす方法である．例として3人の顧客，Smith，Jones，Brown の書籍の購入行動を見てみよう（表6・1）．

表6・1　**Smith, Jones, Brown が購入した書籍**

	書　籍　名			
	Daily Salads	Pasta Today	Desserts Tomorrow	Wine For All
Smith	購　入	—	購　入	—
Jones	購　入	—	—	購　入
Brown	—	購　入	購　入	購　入

推奨システムの機能は，どの本を Smith に推奨し，どの本を Jones に推奨するかである．Smith が 'Pasta Today' または 'Wine for All' を購入する可能性が高いかどうかを知りたいのである．

これを行うため，集合の比較の際の手法である **Jaccard 係数**に基づく統計的手法を用いる．このインデックスは，二つの集合が共通にもつ要素数を，二つの集合に含まれるそれぞれの要素の総数で割ったものとして定義される．すなわち，二つの集合間の類似度を，それらが共通して保有する要素の割合とするのである．1から Jaccard 係数を引いた値として **Jaccard 距離**が定義され，集合間の非類似度として用いられる．

表6・1を見ると，Smith と Jones では1冊の本（Daily Salads）が共通して

購入されていることがわかる．彼らは全部で三つの異なる本，'Daily Salads'，
'Deserts Tomorrow'，'Wine For All' を購入している．これより，Jaccard 係
数は 1/3 であり，Jaccard 距離は 1−1/3＝2/3 と求められる．表6・2はすべて
の顧客ペアでの計算結果を示している．

表6・2　Jaccard 係数と Jaccard 距離

	同じ書籍を購入した数	二人で購入した書籍名の総数	Jaccard 係数	Jaccard 距離
Smith と Jones	1	3	1/3	2/3
Smith と Brown	1	4	1/4	3/4
Jones と Brown	1	4	1/4	3/4

　Smith と Jones は Smith と Brown よりも高い Jaccard 係数すなわち類似性ス
コアをもっている．すなわち，Smith と Jones は購買習慣の類似性が高いため
Wine For All を Smith に推奨する．では，Jones に対して何をすべきであろう
か．Smith と Jones は Jones と Brown よりも高い Jaccard 係数をもっているの
で，Desserts Tomorrow を推奨する．
　顧客は五つ星の評価システムでその商品の購入を決めるとしよう．この情報
を利用するには，特定の本に同じ評価を与えている他の顧客を見つけ，その顧
客が何を購入したのかに加え，彼もしくは彼女の購入履歴をも考慮する必要が
ある．各購入に関する星の評価は表6・3に示されている．

表6・3　購入における星の評価

	書　籍　名			
	Daily Salads	Pasta Today	Desserts Tomorrow	Wine For All
Smith	5	—	3	—
Jones	2	—	—	5
Brown	—	1	4	3

　この例を用いて，星の評価を考慮に入れた**コサイン類似度**とよばれる別の計
算法について説明する．この計算法では，星評価表に示されている情報はベク
トルとして表される．ベクトルの長さは1に正規化され，このことは以後の計
算に影響を与えない．ベクトルの方向は，二つのベクトルの類似度の評価ある

いはどの人の星評価が高いかの計算などに用いられる．ベクトル空間の理論に基づき，二つのベクトル間のコサイン類似度の値が求められる．計算は，通常の三角法とはかなり異なるが，鋭角の場合コサインが 0 から 1 の間の値をとるという性質は変わらない．たとえば二つのベクトル間のコサイン類似度が 1 であるとすると，cos (0)＝1 であるので，二つのベクトル間の角度は 0，すなわち，それらは一致していることになり，2 人の顧客は同一の嗜好度をもつと結論付けられる．コサイン類似度の値が高いほど，嗜好の類似度が大きくなる．

　数学的な詳細に興味のある読者は，巻末の“参考文献と追加情報”に掲載された文献を参照されたい．ここで興味深いのは，Smith と Jones のコサイン類似度が 0.350 で，Smith と Brown のそれが 0.404 であることである．これは前の結果とは逆であり，Smith と Brown は Smith と Jones よりも嗜好が近いことを示している．すなわち，これは Smith と Brown が ‘Desserts Tomorrow’ に対する評価では Smith と Jones が ‘Daily Salads’ に下した評価よりも近かったと解釈することができる．

　Netflix と Amazon については，次章で説明するが，どちらも協調フィルタリングアルゴリズムを使用している．

6・6　Amazon

　1994 年に，Jeff Bezos は Cadabra を設立したが，すぐに名前を Amazon に変更し，1995 年に Amazon.com が立ち上げられた．もともとオンライン書店であったが，現在ではそれは世界中で 3 億 4 千 4 百万人以上の顧客をもつ国際的な電子商取引会社となっている．Amazon Fresh を通じて，電子機器から本，あるいはヨーグルト，牛乳，卵などの生鮮食品まで，さまざまな製品を製造・販売している．また Amazon Web Services は，Hadoop をベースにした開発環境により，クラウドベースのビジネス向けビッグデータソリューションを提供している大手ビッグデータ企業でもある．

　Amazon は顧客が購入した書籍，閲覧したが購入しなかった書籍，検索に費やした時間，特定の書籍の閲覧に費やした期間，保存した書籍が購入に変換されたかどうかなど，あらゆるデータを収集している．これにより，顧客が月に 1 回とか年に数回など書籍購入に費やした頻度と金額を精査し，定期的な顧客

であるかどうかを判断する．初期の頃は，Amazon が収集したデータは標準的な統計手法を使って分析されていた．サンプルは人から採取されたもので，評価した類似性に基づいて，Amazon は顧客に対し類似性のあるものを提示した．これをさらに一歩進め，2001 年に Amazon の研究者は，アイテム間の**協調フィルタリング**とよばれる技術に関する特許を申請し取得した．この方法では，顧客の類似性ではなく商品の類似性の探索が目標とされた．

Amazon は，顧客の住所，支払い情報および個人がこれまでに閲覧または購入したことのあるものすべてに関する詳細で膨大な量のデータを収集する．Amazon はまた，可能な限り多くの顧客の市場調査により，顧客がより多くの金額の支払いを促すためそれらのデータを使用する．たとえば，書籍の場合，Amazon は多くの選択対象の提供だけでなく，個々の顧客に合った推奨物をも提供する．Amazon Prime を利用している場合は，映画の視聴習慣も追跡される．顧客の多くは GPS 機能を備えたスマートフォンを使用しているため，Amazon は時間と場所を示すデータをも収集可能となる．この膨大な量のデータは，類似した個人をグループ化し，彼らへの推奨する書物の提供を可能にする顧客プロファイルの構築のために用いられる．

2013 年以来，Amazon はウェブサービスの運用を促進するため，広告主に顧客のメタデータを販売し，大いなる成長を遂げている．彼らのクラウドコンピューティングプラットフォームである Amazon Web Services（AWS）にとって，セキュリティは最も重要でかつ多面的な課題である．パスワード，キーペア，およびデジタル署名は，クライアントのアカウントが正しく承認された人だけが利用可能とするためのセキュリティ技術のほんの一部である．

Amazon 独自のデータも同様に，世界中の専用データセンターに格納するため AES（advanced encryption standard）アルゴリズムを使用して多重に保護され，暗号化されている．業界標準の **Secure Socket Layer**（**SSL**）が，自宅のコンピューターと Amazon.com の間のリンクにおけるコンピューター間の安全な接続を確立するために適用される．

Amazon はビッグデータ分析に基づいた"予測配送"の先駆けである．その仕組みは，ビッグデータを用いての顧客が注文しそうな商品の予測である．最初のアイデアは，注文が実際に行われる前に商品を配送ハブに出荷することで

あった. その単純な拡張として, 無料のサプライズパッケージとともに商品の出荷が考えられた. Amazon の返品ポリシーを考えるとこれは悪い考えではない. 商品の選択はビッグデータ分析を通じて見いだされた顧客の個人的な好みに基づいているので, ほとんどの顧客が送られてきた商品を購入することが予想された. Amazon の予測配送に関する 2014 年の特許では, 販売促進用のギフトを送ることで商品の購入が促進されるとも述べている. ターゲットを絞ったマーケティングによる売上の増加および納期の短縮がもたらされることから, Amazon はこれを価値のある事業と考えている. Amazon はまた, Prime Air とよばれる自律飛行ドローン配送に関する特許も申請した. 2016 年 9 月, 米連邦航空局は商業組織による無人ドローンに関する規制を緩和し, 特定の高度での飛行に管理された状況では, ドローンがオペレーターの視界を超えて飛行することを許可した. これにより, 注文から 30 分以内に Amazon が荷物を配送する最初の足がかりとなる可能性がある. おそらく将来, スマート冷蔵庫のセンサーが牛乳の切れたことを示した後, ただちに牛乳の無人配送をするといったことにつながるかもしれない.

　シアトルにある Amazon Go は, チェックアウトが不要なコンビニエンスストアの最初の店舗である. 2016 年 12 月現在 Amazon の従業員にのみ公開されており, 2017 年 1 月に一般に公開される予定は延期されている. ここで利用可能な技術は, 2 年前に提出されたアイテムごとのチェックアウトを経る必要性を不要とするシステムに関する特許に基づいている. 買い物後にレジでチェックアウトする代わりに, 顧客の実際のカートに商品が入れられるごとに自動的に仮想カートに商品情報が追加される. Amazon アカウントと Amazon Go アプリを搭載したスマートフォンがあれば, 支払いは顧客が店舗内に設定された領域を通って外に出る際に電子的に自動的に行われる. Amazon Go システムは, 商品がいつ棚から取出されるのか, または棚に戻されるのかを識別する一連のセンサーに基づいて稼働する.

　これにより, Amazon にとって商業的に有用な大量のデータが生成される. 店舗への入店と退店の間に行われたすべての買い物行動はログに記録されるので, Amazon はこのデータを使用して, 次回の訪問のための商品の推奨をオンラインの推奨システムと同様に作成できる. ただし, 顧客識別のための顔認識

システムの使用が許容されるかといった特許出願時に言及されている課題など，私たちが自分たちのプライバシーをどの程度企業に提供できるかといった問題があるかもしれない．

6・7　Netflix

　別のシリコンバレーの会社である Netflix は，1997 年に郵便による DVD のレンタル会社として設立された．DVD が送られてきた際，別の DVD を続けて注文することで，それらが順番に送られてくるし，さらに便利な機能として，その順番を任意に変更することができた．このサービスはまだ利用可能であって利益を生み出してはいるが，徐々に減少してきている．Netflix は，2015 年には 190 カ国に約 7500 万の加入者をもつ，国際的なインターネットストリーミングのメディアプロバイダであり，さらには独自のオリジナル番組の提供も手掛けて成功している．

　Netflix は大量のデータを収集したうえでそれらを有効に利用することで，顧客サービスを向上させている．たとえば，信頼性の高い映画のストリーミングを提供するよう努めるとともに，個々の顧客に対しお薦め商品を提供している．商品の推奨は Netflix のビジネスモデルの核心であり，その事業の大部分は，大量のデータに基づいて選択された商品の各顧客への推奨からなっている．Netflix は，今あなたが見ているもの，あなたが閲覧しているウェブサイトであなたが探しているもの，そしてあなたがこれらすべてのことをした日時を追跡し記録している．また，あなたが iPad，TV，あるいは他の何かを使っているかどうかの情報も蓄積している．

　2006 年に，Netflix は彼らの推奨システムの改善を目的としたクラウドソーシングコンペの実施を発表した．彼らは，ユーザーの映画評価の予測精度を 10% 向上させる協調フィルタリングアルゴリズムに対して 100 万ドルの賞金を提供した．Netflix は，この機械学習およびデータマイニングコンペのため，1 億アイテムを超えるトレーニングデータを提供したが，それのみに限定し，他の情報源は使用できないとした．Netflix は，関連してはいるもののやや簡単な問題を解決したとして，2007 年に Korbell チームに 5 万ドル相当の暫定賞 (Progress Prize) を提供した．ここで "簡単な" というのは比較上の表現で

あって，彼らのソリューションは二つの最終的なアルゴリズムを導くため 107 の異なるアルゴリズムを組合わせたものであり，その最終的な開発は進行中ではあるものの暫定版は Netflix によって使用されていた．賞金がかかったアルゴリズムでは 50 億の比較が目論まれていたのだが，暫定版では 1 億の比較に対処するものであった．このコンペの賞金は 2009 年に BellKor の Pragmatic Chaos チームに授与され，そのアルゴリズムは既存のものよりも 10.06% の改善を達成した．Netflix はその優勝者のアルゴリズムを実装しなかった．これは，その頃までに主たるビジネスモデルがメディアストリーミングの配信に変わったためである．

　Netflix は，郵便でのサービスからストリーミングでの映画の提供というビジネスモデルに拡張することにより，顧客の好みや視聴習慣に関するさらに多くの情報を収集することができ，その結果，より改善された推奨の提供が可能となった．ただし，デジタル世界と逆行するようであるが，Netflix はパートタイムのタグ付け人，すなわち世界中で映画を見て，各コンテンツに“サイエンスフィクション”や“コメディー”といったタグを付ける任務を負った約 40 人の人々を配置した．映画はどのように分類されるのかを，当初はコンピューターアルゴリズムではなく人間の判断を用いて行っている．この話題は後にまた述べる．

　Netflix は，推奨システムを構成するさまざまな推奨アルゴリズムを使用している．これらのアルゴリズムはすべて，会社によって収集され集約されたビッグデータに基づいて機能する．たとえば，コンテンツベースのフィルタリングは，タグ付け人によって報告されたデータを分析し，ジャンルや俳優などのさまざまな基準に従って類似の映画やテレビ番組を見いだす．協調フィルタリングは，閲覧や検索の習慣などをモニターする．推奨は，似たようなプロフィールの視聴者が何を見たかに基づいて行われる．同じユーザーアカウントに複数のユーザー，通常は何人かの家族のメンバーがいると，必然的に彼らの好みや視聴習慣が異なるため，推奨はあまりうまくいかなかった．この問題の克服のために，Netflix は各アカウント内に複数のプロファイルを設定できるオプションを作成した．

　オンデマンドインターネット TV は，Netflix にとってもう一つの成長分野

であり，この分野でのビッグデータ分析の活用は企業活動の継続的な発展とと
もにますます重要になってきている．Netflix は，検索データと星の評価を収
集するだけでなく，ユーザーが一時停止または早送りする頻度や，開始した各
番組の視聴を終了したかどうかをも記録している．彼らはまた，顧客がそれら
の番組をどのように，いつ，どこで見たか，そして収集可能なあらゆるデータ
を収集する．ビッグデータ分析を使用して，顧客が購読をキャンセルするかど
うかを非常に正確に予測できるようになったといわれている．

6・8　データサイエンス

　データサイエンティストは，ビッグデータの分野で働く人々に与えられる一
般的な称号である．2012 年の McKinsey Report は，データサイエンティスト
が不足していることを強調し，2018 年までに米国だけで不足は 19 万人に達す
ると推定している．この傾向は世界的に明らかであり，データサイエンススキ
ルトレーニングを促進する政府のイニシアチブがあってさえも，人々の現実に
もつ専門知識と必要とされる専門知識との間のギャップが広がっているように
思われる．データサイエンスは大学で人気のある学習オプションになりつつあ
るが，これまでのところ卒業生の数は，企業が高い給料を提供してもよいとし
ている経験豊富なデータサイエンスのポジションの要求を満たすことができな
いでいる．企業におけるビッグデータはその会社の利益に直結していることか
ら，経験が不十分で基礎知識とスキルをもっていないデータアナリストが，企
業の期待する結果をもたらすことができなければ，幻滅がすぐに現実なものと
なるであろう．多くの場合企業は，統計分析からデータストレージ，そして
データセキュリティに至るまで，あらゆる分野で有能であることが期待される
万能なデータサイエンティストを求めている．

7

ビッグデータセキュリティと
スノーデン事件

2009 年 7 月, Amazon の Kindle 読者は, オーウェルの小説 "1984 年" が自分のデバイスから完全に消えたときに, 事実は小説と同様に奇なりという体験をした. 1984 年に, "メモリホール" は, 現状を破壊するあるいはもはや必要とされていないと考えられる文書を消失せしめるために用いられた. 文書は永久に消え, 履歴は書き直された. それはほとんど残念な符合であるにしても "1984 年" とオーウェルの動物農場は実際にアマゾンと出版社の間の論争の結果として消失せしめられたのである. 顧客は当然ながら怒り, 電子書籍の代金を払っていたので, それが彼らの財産であると考えた. 高校生と他の 1 人の人物によって提起された訴訟は, 法廷外で和解した. 和解では, Amazon は "司法上または規制上の命令にはそのような削除または修正が必要である" という特定の状況を除いて, 顧客の Kindle から書籍データを消去することはもうないと述べた. Amazon は顧客に対し, 代金の払い戻しか商品券の送付, あるいは削除された書籍を元に戻すという対応を行った. 自分の Kindle 本を売ったり貸したりすることができないことに加えて, 私たちは実際にそれらをまったく所有していないようである.

Kindle の事案は法的な問題に対応したもので, 悪意をもって意図されたものではないが, それは, 電子文書の削除がどれほど容易か, 紙の印刷物になっていない文書をそれが望ましくないとして完全に消失させるのが如何に簡単かを

示すのに役立ったのである．この本の印刷版を明日読んだとしても，それは今日の本とまったく同じものであることは保証されるが，今日あなたがウェブ上で何かを読んだ文章が明日にもまったく同じであるとは保証されない．ウェブ上では絶対的な確実性はないのである．電子文書は，それを書いた人が知らないうちに簡単な操作によって修正や更新ができる．このような状況は，たとえば誰かが電子カルテを改ざんする可能性など，さまざまな状況で非常に大きな損害を与える可能性がある．電子文書を認証するように設計されたデジタル署名でさえも**ハッキング**される可能性がある．これらは，ビッグデータシステムが実際に設計されたとおりに動作すること，故障時に修正できること，改ざん防止がされていること，正しい権限をもっている人だけがアクセスできることなど，ビッグデータシステムが直面する問題のいくつかを想起する．

　ネットワークとそれが保持するデータの保護が重要な問題である．不正アクセスからネットワークを保護するための基本的な対策は，インターネットを介した不正な外部アクセスからネットワークを隔離する**ファイアウォール**の設置である．ネットワークが，**ウイルス**や**トロイの木馬**などの直接攻撃から保護されている場合でも，ネットワーク上にあるデータは，特に暗号化されていない場合は危険にさらされる可能性がある．そのような危険の一つである**フィッシング**は，実行可能ファイルを含む電子メールを送信したり，パスワードなどの個人データやセキュリティデータを要求したりして，悪質なコードを送りつけようとする．しかし，ビッグデータが直面するおもな問題はハッキングである．

　2013 年に小売ストアの Target がハッキングされ，4 千万人のクレジットカード情報を含む推定 1 億 1 千万件の顧客情報が盗難にあった．11 月末までに，侵入者が自分の**マルウェア***を Target のほとんどの POS マシンに埋め込み，リアルタイムの取引から顧客のカード情報の収集ができたと報告されている．当時，Target のセキュリティシステムは，バンガロールで働く専門家チームによって 24 時間監視されていた．疑わしい活動にはフラグが立てられ，専門家チームはミネアポリスにいる主要セキュリティチームに連絡したが，残念ながらセキュリティチームはその情報に基づいて行動することができなかった．

---

　*　［訳注］正常なプログラムを偽装した悪意のあるファイル

次に説明する Home Depot のハッキングはさらに規模が大きく，同様の手法を使用して大量のデータが盗難にあった．

7・1　Home Depot のハッキング

2014 年 9 月 8 日，世界最大の住宅改修小売業者である Home Depot は，同社の支払いデータシステムがハッキングされたとプレスリリースで発表した．2014 年 9 月 18 日の更新で，Home Depot は，この攻撃が約 5600 万のデビット / クレジットカードに影響を及ぼしたと報告した．換言すれば，5600 万のデビット / クレジットカード情報が盗まれたことになる．加えて 5300 万件の電子メールアドレスも盗まれた．この場合，ハッカーは最初にベンダー（製造元）のログ（記録）を盗み，それによってシステムへの簡単なアクセスが可能となったが，システムの個々のベンダーの部分にしかアクセスできなかった．これはフィッシングの手口で攻撃を受けたものである．

ハッカーは，次のステップで拡張システムにアクセスする必要があった．当時，Home Depot は Microsoft XP オペレーティングシステムを使用していて，これにはハッカーが悪用した欠陥が含まれていた．セルフチェックアウトシステムが，システム全体で明確に識別可能であったため，次のターゲットになった．最後に，ハッカーは 7500 のセルフチェックアウト端末にマルウェアを感染させて顧客情報を入手した．彼らは Kaptoxa としても知られている Black-POS を使った．これは，感染した端末からクレジットカード / デビットカード情報を盗み出すための特定のマルウェアである．セキュリティの観点から，顧客の支払いカード情報は POS 端末で操作されたときに暗号化されるべきであるが，明らかにこのポイントトゥポイント暗号化の機能は実装されておらず，情報はハッカーに筒抜けになってしまった．

情報の盗難は，銀行が Home Depot での最近の購入行為に関する口座の不正使用の検出をしていた際に発見された．盗難されたカード情報は，ダークウェブにおけるサイバー犯罪での盗難物の売りさばき屋である Rescator を通じて販売されていた．店のキャッシュレジスターを使用して支払いをしていた人々はこの攻撃の影響を受けなかったのは興味深いことであった．その理由は，メインフレームコンピューターでは，各レジが付番された番号によって

のみ識別され，それらが犯罪者によるチェックアウトポイントとして容易に識別されなかったことにある．Home Depot がセルフチェックアウト端末にも単純な付番を使用していたとすると，このハッキングの試みは失敗した可能性がある．とはいえ，当時 Kaptoxa は最先端のマルウェアとみなされ，事実上はハッキングが検出できなかったため，ハッカーがシステムへの侵入を試みていたとしたら，彼らはハッキングに成功していたかもしれない．

7・2　最大のデータハック

　2016 年 12 月に Yahoo! は，2013 年 8 月に 10 億を超えるユーザーアカウントを含むデータ漏洩が発生したと発表した．窃盗犯は，偽造された Cookie を使用してアカウントにアクセスしたようで，この場合にはパスワードを必要としなかった．Yahoo! の攻撃があったとの情報開示は続き，2014 年には 5 億のアカウントが漏洩した．Yahoo! は，2014 年のハッキングは "state-sponsored actor" なる組織によって実行されたと主張している．

7・3　クラウドセキュリティ

　ビッグデータセキュリティ侵害のリストはほぼ毎日増えている．データ中心の世界では，データの盗難，データの身代金，データの破壊行為などが大きな関心事である．個人に関するデジタルデータのセキュリティと所有権に関しては，多くの不安がある．デジタル時代以前，私たちは写真をアルバムやネガに保存していた．その後，私たちは自分の写真をコンピューターのハードドライブに電子的に保存した．これは消失してしまう可能性があることから，私たちはバックアップをとるのが通例であったが，少なくともファイルは公にはアクセス可能ではなかった．現在，私たちの多くはデータをクラウド上に保存している．写真，ビデオ，ホームムービーはすべて多くの記憶容量を必要とするため，クラウドの利用はその観点からも理にかなっている．クラウドにファイルを保存すると，それらのファイルはデータセンターにアップロードされ，おそらく複数のセンターに分散されて複数のコピーが保存される．

　すべての写真をクラウドに保存した場合，今日の洗練されたシステムではそれらを失う可能性はかなり低い．一方，写真やビデオなどを削除したい場合

は，すべてのコピーを確実に削除するのは困難である．基本的に，すべての
ファイルの削除にはプロバイダーに頼らなければならない．もう一つの重要な
問題は，クラウドにアップロードした写真やその他のデータに誰がアクセスで
きるかの制御である．ビッグデータを安全にするためには暗号化が不可欠であ
る．

7・4 暗 号 化

　暗号化とは，第 5 章で簡単に説明したように，ファイルが安易に読めないよ
うにするために用いられる方法のことである．基本的な手法は少なくともロー
マ時代までさかのぼる．Suetonius は，彼の著作の "The Twelve Caesars" の
中で，Julius Caesar が文書の文字を左に 3 文字シフトさせて暗号化したと書
いている．この方法を使用すると，"secret" という単語は "pbzobq" として
コード化され，これはシーザー暗号として知られている．これを破るのは難し
くはないが，今日使用されている最も安全な暗号でも，アルゴリズムの一部と
してこの種のシフトを適用している．

　1997 年に，コンピューターの計算能力の飛躍的向上に加え，暗号に利用さ
れるキー長が比較的短い 56 ビットであったため，一般に利用可能な最良の暗
号化方法であるデータ暗号化規格（DES）が破られる可能性があることが示さ
れた．これは 2^{56} の異なるキーの選択の可能性を提供するが，真のキーが見つ
かるまで試行することによって，原理的にメッセージの解読は可能であった．
実際 1998 年に，Electronic Frontier Foundation によってこの目的のために構
築されたコンピューターである Deep Crack を使用してわずか 22 時間で解読
された．

　1997 年，米国の国立標準技術研究所（NIST）は，暗号化規格の DES が最高
機密文書を保護するのに必要なセキュリティを欠いていることを懸念し，DES
より優れた暗号化方法を見つけるための世界規模のコンテストを始めた．コン
テストは 2001 年に **AES アルゴリズム**が選択されて終了した．それは，アル
ゴリズムの創始者である 2 人のベルギー人の Joan Daemen と Vincent Rijmen
の名前を組合わせた **Rijndael アルゴリズム**として提出された．

　AES アルゴリズムは，128，192，あるいは 256 ビットのキー長を選択でき

るテキスト暗号化に使用されるソフトウェアアルゴリズムである．キー長が128
ビットの場合，アルゴリズムは九つの処理ラウンドを必要とする．各ラウンド
は4ステップからなり，最後のラウンドは3ステップのみである．AES暗号化
アルゴリズムは反復的で，コンピューターが得意とする大量の行列計算によっ
て実行される．しかし，計算プロセスの記述は数学的な変換を用いることなく
行われる．

　AESアルゴリズムは，暗号化したいテキストにキーを適用することから始
める．テキストを認識することはできなくなるが，キーの指定によりそれを
簡単に複号化できるため，より多くの手順が必要となる．次のステップでは，
Rijndael S-Boxとよばれる特別な参照表を使用して，各文字の別文字への置き
換えがなされる．Rijndael S-Boxを使用している場合は，メッセージを復号化
のために逆方向への作業ができることになる．シーザー暗号，すなわち文字の
左へのシフトと最後の置換により1ラウンドが完了する．その結果は異なる
キーを用いて次のラウンドに用いられ，というようにすべてのラウンドが完了
するまで繰返される．暗号は復号化できなければならないが，このアルゴリズ
ムは可逆的である．

　192ビットのキー長の場合は12ラウンドからなる．さらなるキュリティ強化
のためには，より長いキー長のAES 256が使用できるが，GoogleやAmazon
を含むほとんどのユーザーはAES 128をビッグデータセキュリティのニーズ
に十分対応できると考えている．AESは安全でまだ破られていないため，い
くつかの政府がAppleやGoogleなどの大手企業に暗号化された文書への隠さ
れた複合化法を提供するよう依頼している．

7・5　電子メールセキュリティ

　2015年には毎日2000億を超える電子メールが送信されているが，そのうち
本物で**スパム**（迷惑メール）ではなく，悪意の意図もないとされているのは
10%未満と推定されている．ほとんどの電子メールは暗号化されていないた
め，その内容はハッカーによる傍受に対して脆弱である．暗号化されていない
電子メールの送信では，カリフォルニアから英国に送信すると，それはデータ
がパケットに分割され，インターネットに接続されているメールサーバーを介し

て送信される．インターネットは基本的に，地上や地下および海底でつながった全世界規模の大規模有線ネットワークおよび携帯電話基地局と衛星で構成されている．大陸間横断ケーブルでつながっていない唯一の大陸は南極大陸である．

　インターネットとクラウドベースのコンピューティングは一般にワイヤレスと考えられているが，実際のところそうではなく，データは海底に敷設された光ファイバーケーブルを通して送信されている．大陸間のほぼすべてのデジタル通信は，このようにして送信されている．クラウドコンピューティングサービスを使用している場合でも，各自の電子メールは大陸間を横断する光ファイバーケーブルを介して送信される．クラウドは魅力的な現代風の用語で，世界中にデータを送信している衛星のイメージを想起させるが，実際にはクラウドサービスは，主としてケーブルを介してインターネットアクセスを提供するデータセンターの分散ネットワークに基づくものである．

　光ファイバーケーブルは最速のデータ伝送手段を提供するため，一般に衛星通信よりも好ましいとされる．光ファイバー技術に関する現在の広範な研究により，以前に比してより速いデータ伝送速度が実現している．大陸間横断ケーブルは，ケーブルを噛むようなサメの攻撃を含む，いくつかの想定内あるいは予想外の攻撃の標的となっている．国際ケーブル保護委員会によると，記録された障害におけるサメの攻撃によるものは1%未満とのことであるが，その危険性を含む地域のケーブルは現在ケブラー（芳香族ポリアミド系樹脂）による保護具を用いて保護されている．サメや敵対的な政府あるいは不注意な漁師によって引き起こされる大西洋横断ケーブルの損傷の問題がなく，私の電子メールがイギリスに無事に上陸するとき，他のインターネットデータと同様に，それらは傍受される可能性がある．2013年6月，Edward Snowden は，Temporaとよばれるシステムを使用して，英国の GCHQ が，約200基の大西洋横断ケーブルを通じて膨大な量のデータを送受信していることを記した文書を漏洩させた．

7・6　スノーデン事件

　Edward Snowden は，米国の国家安全保障局（NSA）から機密情報を漏洩

したとして 2013 年にスパイ行為で起訴された米国のコンピューターの専門家である．この注目を集める事例は，政府の大量監視能力を一般の人々に対して適用し，個人のプライバシーに関する広範な懸念が明らかとなった．この事件の後，Snowden に授与された賞は数多くあり，グラスゴー大学の学長の候補者，2013 年の Guardian のパーソンオブザイヤー，および 2014, 2015, 2016 年のノーベル平和賞候補などがある．彼は自国に利益をもたらした内部告発者としてアムネスティ・インターナショナルの支援を受けている．しかし，米国政府の役人と政治家の見方は異なるようである．

2013 年 6 月に，英国の *Guardian* 紙は，NSA がいくつかの主要な米国の電話ネットワークからメタデータを収集していたと報じた．この報告はまた，PRISM とよばれるプログラムが，米国と通信する外国人のインターネットデータを収集し保存するために使用されていたことを明らかにした．その後大量の電子データの漏洩があり，米国と英国の両方の担当者の顔色を無からしめた．Booz Allen Hamilton の従業員であり，NSA の請負業者としてハワイ暗号センターで働いていた Snowden がこれらの漏洩の原因となっていたが，彼は，慎重に検討することなく公開はしないと信頼できるメディアのメンバーに送信したのであった．Snowden の動機とそれに関連する法的問題はこの本の範囲を超えているが，彼が他の国に対する合法的な諜報活動と信じて始めたことが，今やそれ自体に影響を及ぼし，NSA がすべての米国市民に対して不法にスパイしているとされたのである．

無料のウェブ閲覧ツールである Mozilla Firefox の拡張機能である Down-ThemAll およびプログラム wget の使用により，ウェブサイトのコンテンツ全体またはその他のウェブ関連データをすばやくダウンロードすることができるようになった．これらのアプリケーションは，NSA に分類されたネットワーク上の許可されたユーザーによって利用可能であり，これが大量の情報をダウンロードしてコピーするために Snowden によって使用された．彼はまた，非常に機密性の高い大量のデータをあるコンピューターシステムから別のコンピューターシステムに転送した．これを行うため，彼はシステム管理者が日常的に使っているユーザー名とパスワードを必要とした．彼は，彼が盗んだ機密文書の多くに簡単にアクセスすることができたが，全部にはアクセスで

きなかった．最高機密以上の文書にアクセスするためには，セキュリティプロトコルによって防がれているさらに高いレベルのユーザーアカウントの認証が必要であった．しかし，彼はこれらのアカウントを作成するシステム管理者権限をもっていて，アカウントの詳細を知っていた．Snowdenはまた，自分よりも高いセキュリティ権限をもつ少なくとも1人のNSA従業員に，必要とするパスワードを教えるよう依頼しそれに成功した．

　最終的に，Snowdenは推定150万もの機密文書をコピーしたが，そのうち約20万については，それらのすべてが公表されるべきではなく，どれが公開されるべきかについて慎重であるべきと考えていたが，これらのうちのあるものは公開された．

　その詳細はSnowdenによって完全には明らかにされていないが，彼は，仕事後に簡単に持ち出すことができるフラッシュドライブにデータをコピーすることができたようである．Snowdenがこれらの文書を持ち出せないようにするためのセキュリティ対策は明らかに不十分であった．施設を出る際の単純な身体スキャンでも携帯された機器を検出したかもしれず，オフィスでのビデオ監視も疑わしい活動を検知できたかもしれなかった．2016年12月，米国下院は2016年9月の文書を公表した．この文書は大幅に編集されたもので，Snowdenを人として評価し，漏洩された文書の性質と影響を検討していた．この文書から，NSAが十分なセキュリティ対策を適用しておらず，その結果，Secure the Netイニシアチブがその後実施され始めたのであるが，まだ完全には実施されてはいない．

　Snowdenは広範囲のシステム管理者権限をもっていたが，きわめて機密性の高いデータの特質を考えると，1人の人が安全対策なしでフルアクセスが許可されることは許されない．たとえば，データがアクセスまたは転送されるときに2人のユーザーの認証資格を要求するだけで，Snowdenがファイルを不正にコピーするのを防ぐことができたであろう．SnowdenがUSBドライブに接続して，彼が欲しいものを何でもコピーできたこともまた興味深い．非常に簡単なセキュリティ対策は，DVDとUSBポートを無効にするか，そもそもそれらをインストールさせないことである．網膜スキャンを使用した認証をパスワードの要件に追加していれば，Snowdenのこれらの高機密レベルの文書へ

のアクセスは非常に困難であったであろう．現代のセキュリティ技術は洗練されていて，正しく使用されていればそれを突破するのは困難である．

　2016年末，Googleの検索でEdward Snowdenと入力すると，わずか1秒で2700万件を超える結果が得られた．Snowdenという検索用語では，4500万件の結果が得られた．これらのサイトの多くでは，"Top Secret"というラベルの付いた漏洩文書にアクセスしたり表示したりすることができ，それらは現在パブリックドメイン内にあり，今後も間違いなくそのままになるであろう．Snowdenは本書執筆現在ロシアに住んでいる．

　Snowdenの場合とは対照的に，ウィキリークスは非常に異なる話題を提供する．

7・7　ウィキリークス

　ウィキリークス（WikiLeaks）は，機密文書を広めることを目的とする巨大なオンライン告発組織である．活動は寄付金によって賄われ，おもにボランティアによって支えられているが，少人数の人々を雇用しているようにも見える．2015年12月の時点で，ウィキリークスは1000万を超える文書を公開（または漏洩）したと主張している．ウィキリークスは，独自のウェブサイト，twitter，Facebookを通じて，その一般性の確保を実現している．

　大いなる賛否両論を巻き起こしたウィキリークスとそのリーダーのJulian Assangeは，2010年10月22日に"イラク戦争記録"と名付けられた膨大な量の機密データ（391832文書）を公にしたと新聞の大見出しを飾った．これは，すでに2010年7月25日に漏洩していた"アフガニスタン戦争日記"を構成する約75000の文書に続くものであった．

　米国軍の兵士であるBradley Manningは，両方の文書漏洩に関わっていた．イラクで諜報アナリストとして働いていた彼は，おそらくセキュリティが確保されていたPCから機密文書を，彼自身の使っているコンパクトディスクにコピーした．このため，現在Chelsea Manningとして知られているBradley Manningは，スパイ行為法およびその他の関連する犯罪の違反により，法廷での有罪判決の後，2013年に35年の懲役刑を宣告された．当時のバラク・オバマ米国前大統領は，離職する前の2017年1月にChelsea Manning

の判決を認めた．受刑中に性同一性障害の治療を受けた Ms. Manning は 2017
年 5 月 17 日に釈放された．

　ウィキリークスは政治家や政府から非常に批判されたにもかかわらず，アム
ネスティ・インターナショナル（2009）や英国の経済誌の *The Economist*（2008）
などの多くの組織から評価され，賞も受けている．彼らのウェブサイトによる
と，Julian Assange は 2010 年から 2015 年の 6 年連続でノーベル平和賞にノ
ミネートされている．ノーベル賞委員会は 50 年が経過するまで候補者の名前
を公表しないが，平和賞委員会の守秘義務を負っているにもかかわらず，推薦
者はときに彼らの推薦した候補者の名前を公にしてしまうこともある．たとえ
ば 2011 年に Julian Assange は，人権侵害の申し立てを公開したウィキリーク
スを支持していたノルウェーの国会議員である Snorre Valen によってノミ
ネートされた．2015 年には Assange は元英国議会議員 George Galloway の支
持を得たことに加え，2016 年初めには支持派の学者グループが Assange に賞
を授与するよう求めた．

　しかし，2016 年末までに，少なくとも彼らが報じた事柄の一部に偏りが
あったことにより潮目が変わり，Assange とウィキリークスに対する批判が広
がってきた．ウィキリークスに対しては，個人の安全とプライバシーに関する
倫理的な懸念，企業活動の秘密保持，政府が必要とする機密情報，紛争地域に
おける地元の情報源の保護，そして一般の公共の利益などの面から批判が高じ
てきた．Julian Assange とウィキリークスにとって，水はどんどん濁ってきて
いるようであった．たとえば 2016 年には，ヒラリー・クリントン大統領候補
に大きなダメージを与える時期に電子メールが漏洩し，ウィキリークスの客観
性について疑問が投げかけられ，多くの評価の確立した情報源からかなりの批
判を受けた．

　あなたが Julian Assange とウィキリークスの活動を支持するかあるいは非難
するかにかかわらず，そしてほぼ必然的に人々は，扱う問題に応じてどちらの
態度も取るであろう．最大の技術的な問題は，ウィキリークスを閉鎖すること
ができるかどうかである．現実問題として，彼らの活動を支持する国をはじめ
とする世界中の多くのサーバーにデータが分散しているので，たとえその閉鎖
が望ましいとしても，完全にシャットダウンできる可能性はきわめて低い．た

だし，情報の開示後の報復に対する保護の強化のため，ウィキリークスは保険ファイルを発行した．その詳細は公にはなっていないものの，何かが Assange に起こった場合やウィキリークスがシャットダウンされた場合には，その保険ファイルのキーは公開されるとのことである．最新のウィキリークス保険ファイルは 256 ビットキーの AES を使っていて，それが解読されることはないであろう．

　2016 年現在，Snowden はウィキリークスと対立している．意見の相違は，それぞれが漏洩データをどのように管理するかにかかっている．Snowden は彼のファイルを，どのドキュメントを公開すべきかを慎重に検討するような信頼できるジャーナリストに手渡した．合衆国政府高官はそのことを事前に知らされ，彼らの助言に従い，国家安全保障上の懸念のある文書は公開が差し控えられた．今日に至るまで，多くの文書が開示されてはいない．それに対しウィキリークスは，個人情報保護の努力をほとんど行わずに単にデータを公開している．それはまだ内部告発者から情報を集めている．最近漏洩したとされるデータがどれほど信頼できるものであるか，あるいは実際にそれが提示する情報の選択がどのようになされているのかは明らかではない．ウィキリークスは，そのウェブサイトで **TOR** (the onion router) とよばれる機能を使用してデータを匿名で送信し，プライバシーを保護していると説明しているが，内部告発者が TOR を使用するとは限らない．

7・8　**TOR とダークウェブ**

　プリンストン大学の社会学科の助教授である Janet Vertesi は，彼女の妊娠をオンラインのマーケッターから秘密にし，ビッグデータプールの一部にならないようにするため，個人的な実験を行うことにした．2014 年 5 月に *TIME* 誌に掲載された記事で，Dr. Vertesi は彼女の経験について説明している．彼女はソーシャルメディアの回避を含む，優れたプライバシー対策を講じた．すなわち，彼女は TOR をダウンロードし，それを使って多くの赤ちゃん関連商品を注文した．また，実際の店内での購入はすべて現金で支払った．彼女がしたことはすべて完全に合法的であったが，最終的にはこのような個人情報の保護は費用と時間がかかり，彼女自身の自分の言葉では "悪い市民"

のように見せかけた．しかし TOR は，それが Dr. Vertesi に安全性を感じさせ，トラッカーからの彼女のプライバシーを守ったことにおいては注目に値する．

　TOR は，もともとはインターネットを匿名で使用する方法の提供のため，米国海軍によって開発された暗号化されたサーバーネットワークである．そのため，追跡や個人データの収集を防ぐことができる．TOR は進行中のプロジェクトで，プライバシーに関心のある人なら誰でも使用できるオープンソースのオンライン匿名環境の開発と改善を目的としている．TOR は送信アドレスを含むあなたのデータを暗号化することで機能し，IP アドレスを含む重要な部分のヘッダーの一部を取除くことによってそれを匿名化する．結果のデータパッケージは，最終目的地に到着する前に，ボランティアによって運営されているサーバーまたはリレーシステムを介してルーティングされる．

　TOR のよい面としては，そのユーザーに，もともとそれを設計した軍，彼らの情報源と情報を保護したいと願う調査ジャーナリスト，プライバシーを保護したいと思っている日常の市民など多くの組織や人を含むことである．また企業は，自らの秘密を他の企業から守るために TOR を使用し，政府はそれを機密情報のソースと情報自体を保護するためにそれを使用する．TOR プロジェクトのプレスリリースには，1999 年から 2016 年の間の TOR に関するニュース項目のリストが掲載されている．

　マイナス面として，TOR 匿名ネットワークはサイバー犯罪者によっても広く使用されていることがあげられる．ウェブサイトは TOR に隠されたサービスを通してアクセス可能で，接尾辞 ".onion" をもつ．麻薬取引，ポルノ，マネーロンダリングに使用される違法な**ダークウェブサイト**を含むこれらの多くはきわめて好ましいものではない．たとえば，ダークウェブの一部であり違法薬物の供給元として広く知られているウェブサイト Silk Road が TOR を介してアクセスされたため，法執行機関による追跡は困難であった．大法廷は Ross William Ulbricht を逮捕し，彼はその後 Dred Pirate Roberts の名で Silk Road の創設と運営により有罪判決を受けた．ウェブサイトは閉鎖されたが，後にまた立ち上げられ，2016 年には Silk Road 3.0 という名前で 3 回目の生まれ変わりを遂げた．

7・9　ディープウェブ

　ディープウェブとは，Google, Bing, Yahoo! などの通常の検索エンジンで
は検索されないすべてのウェブサイトをさす．それは合法的なサイトとダーク
ウェブサイトで構成されている．特殊なディープウェブ検索エンジンを使用し
ても，ここに隠されたビッグデータのサイズの推定は困難である，一般に公開
されているウェブで見られるデータよりもはるかに大きいのではないかとも見
積もられている．

8

ビッグデータと社会

8・1　ロボットと仕事

　著名なエコノミストの John Maynard Keynes は，1939 年の英国の経済不況の時代に著した著作において，労働環境が 1 世紀後にはどのようになるかを推測した．産業革命は工場労働者という新たな都市型の雇用を創出し，かつての農耕社会を大きく変革した．Keynes は今後，労働集約的な作業は最終的には機械によって行われ，それは一部の人々にとっては失業をもたらし，他の多くの人々にとっては大幅な労働時間の短縮につながると考えた．Keynes は，技術の進歩によって人々が生活の糧を得るためのやむを得ない労働から解放されることによって生まれる余暇時間を人々がどのように使用するかに特に関心をもっていた．また，おそらくより差し迫っているのは，雇用の喪失あるいは労働時間の減少に伴う世帯収入の減少に対処する財政支援の問題であった．

　20 世紀を通じて徐々に，私たちは多くの仕事がきわめて高度化された機械によって代替されるのを見てきたが，たとえば，多くの生産ラインが数十年前に自動化されたとはいうものの，Keynes のいう週 15 時間労働はまだ実現しておらず，近い将来も実現しないであろう．デジタル革命は，産業革命と同じように，必然的に私たちの雇用形態を変えるであろうが，どのように変わるかの正確な予測は難しい．**モノのインターネット**（internet of things, **IoT**）の技術が進歩するにつれて，私たちの世界はよりデータ駆動型になり続けている．リアルタイムのビッグデータ分析の結果による意思決定や行動への情報提供は，

私たちの社会においてますます重要な役割を果たしている.

　人間はコード化などを通じて機械を構築・制御するためにだけ必要とされる,という意見もあるが,それはかなり推測上の考えであり,**ロボット**が人に取って代わることが期待できる特殊な領域での話である.たとえば,洗練されたロボットによる医療診断は医療労働上の労力を減じるであろう.Watsonの機能を拡張したようなロボット外科医が生まれるかもしれない.もう一つの大きなビッグデータ分野である自然言語処理は,少なくとも対面していないときには,ロボットデバイスと人間の医師のどちらと会話をしているのかを見分けることができなくなるまで発展するであろう.

　ロボットが既存の人間の役割を担うようになる仕事は何であるかがわかったとしても,人間のすべき仕事は何かの予測は困難である.創造性はおそらく人間の領域であろうが,ケンブリッジ大学とアベリストウィス大学で共同研究しているコンピューター科学者は,ロボット科学者のアダム(Adam)を開発した.アダムはゲノミクスの分野で,新しい仮説を立ててテストすることにより,新しい科学的発見をもたらした.また,マンチェスター大学の研究チームは,熱帯病の医薬品開発に取組むロボットのイヴ(Eve)の開発に成功した.どちらのプロジェクトも人工知能技術を導入している.

　小説家が小説を書く技術は,経験,感情,そして想像力により,人間に独特なもののように思われるが,この創造性の分野でさえも,ロボットによる挑戦を受けている.日経星新一文芸賞は,人間でない著者の単著あるいは共著による小説の応募を受け付けている.2016年に,人とコンピューターが共同で書いた四つの小説が,作者に関する詳細を知らされていなかった審査員によって,一次選考を通過した.

　科学者や小説家は最終的にはロボットと共同作業をする可能性があるが,私たちの多くにとっては,ビッグデータ主導の環境の影響はスマートデバイスを通じての日々の活動の変化においてより明白になる.

8・2　スマートカー

　2016年12月7日,Amazonは,GPS(全地球測位システム)を使って,最初の**ドローン**による商品配送を行ったと発表した.英国のケンブリッジ近くの

田舎に住む男性の受取人は，4.7 ポンドの重さの荷物を受け取った．現在，ド
ローンによる配送は，ケンブリッジ近くにある集配センターから 5.2 平方マイ
ル以内に住んでいる 2 人の Amazon Prime Air の顧客にのみに限られている．
巻末の "参考文献と追加情報" に示したビデオはそのフライトを表している．
これは，この配送プログラムにおけるビッグデータ収集の開始を知らせるもの
と思われる．

　Amazon は，商用のドローン配送を成功させた最初の企業ではない．2016
年 11 月，Flirtey Inc. はニュージーランドの本拠地の周りの地域へのピザのド
ローン配送サービスを開始したし，それ以外にも同様のプロジェクトが実施さ
れている．現時点では，特に安全上の問題の管理が可能な遠隔地で，無人機に
よる配送サービスが拡大する可能性がある．もちろん，サイバー攻撃や単なる
コンピューターシステムの機能停止が大混乱を招く可能性がある．たとえば，
小型の配達用無人機が誤動作すると，人や動物に怪我や死をもたらすだけでな
く，財産への重大な損害をひき起こす可能性がある．

　これは，時速 70 マイルで道路を走行する車を制御するソフトウェアが遠隔
操作されていたときに起こった．2015 年には，*Wired* 誌に勤務している 2 人
のセキュリティ専門家，Charlie Miller と Chris Valasek は，車を運転してい
る間に，車にインターネットを接続するためのダッシュボードコンピュー
ター，ユーコネクト（Uconnect）が遠隔でハッキングされる可能性があると
述べた．報告書は，2 人のエキスパートハッカーはノート PC のインターネッ
ト接続を使用して，ジープチェロキーのエアコンやラジオなどの車の走行にあ
まり関係のない機能にだけではなく，車のハンドル，ブレーキ，トランスミッ
ションなどを制御できたと警告を発している．車の加速装置のすべての制御を
停止させうるとしたとき，ジープは交通量の多い道路を時速 70 マイルで走行
していたということで，ドライバーに重大な警告をひき起こした．

　このテストの結果，自動車メーカーの Chrysler は 140 万台の自動車の所有
者に警告を発し，ダッシュボードのポートを通してインストールされるソフト
ウェアのアップデートのための USB ドライブを送った．この攻撃は，スマー
トフォンネットワークの脆弱性をついて実行され，それは後に修正されたので
あるが，この話は，技術が完全に公開される前にスマート自動車に対するサイ

バー攻撃の可能性に対処する必要があるという点を強調した.

　車から飛行機まで, 自律走行・自動運転の出現は避けられないようである. 離陸や着陸を含め, 飛行機はすでに自動操縦されている. ドローンが人間の乗客を輸送するために広く使用されると考えるのはまだ先の話であるが, 現在でも農作物への農薬の散布や軍事目的のために用いられている. スマートカーはまだ一般的な用途の開発の初期段階にあるが, スマートデバイスはすでに現代の家庭の一部となっている.

8・3　スマートホーム

　第3章で述べたように, モノのインターネット (IoT) という用語は, インターネットに接続されている膨大な数の電子センサーをさすのに便利である. たとえば, 住宅に設置して居住者のテレビ画面, スマートフォン, またはノートPC に表示されるユーザーインターフェイスを介して遠隔で管理できる電子デバイスはスマートデバイスであり, IoT の一部である. 音声起動のための制御装置は, 照明, 暖房, 車庫のドア, その他多くの家庭用機器を管理する目的で, 多くの家庭に設置されている. **Wi-Fi** (wireless fidelity) すなわち無線によるインターネットなどのネットワークへの接続により, あなたが付けた名前でよぶことによってスマートスピーカーに, 地元の天気や全国のニュース報道を尋ねて返答を得ることが可能となる.

　これらのデバイスはクラウドベースのサービスを利用していて, プライバシーに関しては欠点がないわけではない. デバイスの電源が入っている限り, あなたが言うことはすべてリモートサーバーに記録され, 保存される. 最近の殺人捜査では, 米国の警察はAmazon に Echo デバイス (音声制御され, Alexa Voice Service に接続して音楽を再生し, 情報を提供したりニュースレポートなどを提供する機器) からデータを提供するよう求めた. その照会に対し Amazon は当初そうすることを望んでいなかったが, 容疑者は最近, 彼の無実を証明するための手助けになるとして, Amazon にレコーディングをリリースする許可を与えた.

　クラウドコンピューティングに関するさらなる技術の発展により, 洗濯機, 冷蔵庫, あるいは家庭用掃除ロボットなどの電化製品がスマートホームの一部

となり，スマートフォン，ノートPC，またはホームスピーカーを介しての遠隔管理が可能となった．これらのシステムはすべてインターネットで制御されているため，ハッカーの危険にさらされる可能性がある．そのため，セキュリティは大きな研究分野となっている．

　子供のおもちゃも危険性をはらんでいる．ロンドンおもちゃ工業協会により "2014 Innovative Toy of the Year" に選出され，その後 My Friend Cayla とよばれたスマートドールがハッキングされた．人形に内蔵されたセキュリティレベルの低い bluetooth デバイスを介して，子供は人形に質問をしたり返答を聞いたりすることができた．インターネット通信の監視を担当するドイツ連邦ネットワーク庁は，プライバシーが脅かされる危険性から子供たちを保護するため，両親に対し人形を破棄するよう勧め，現在では販売が停止されている．ハッカーは，子供たちの問いをたやすく傍受することができ，それに対し禁止リストに載っているような不適切な返答を返したりすることができた．

8・4　スマートシティ

　スマートホームは現実になったばかりであるが，IoT と**情報通信技術（ICT）**がスマートシティを現実のものにすると予測されていまる．インド，アイルランド，英国，韓国，中国，シンガポールを含む多くの国がすでにスマートシティを計画している．都市が急速に発展していることから，その中に住む人々に対しより効率的な日常生活の環境を実現しようとするものである．農村人口は急速に都市へと移動している．2014 年には約 54% が都市に居住していたが，国連は 2050 年までに世界の人口の約 66% が都市居住者になると予測している．

　スマートシティのテクノロジーは，IoT の実装とビッグデータ管理のテクニックという個別ではあるが蓄積されているアイデアによって推進されている．たとえば，自動運転車，遠隔操作による健康モニタリング，スマートホーム，テレコミュテーションなどは，すべてスマートシティの機能である．そのような都市は，その都市に張り巡らされた膨大なセンサー群から蓄積されたビッグデータの管理と分析に依存することになる．ビッグデータと IoT が協調

して機能することが，スマートシティにとって重要である.

　コミュニティ全体としての利点の一つは，スマートエネルギーシステムである. これは街路灯を規制し，交通を監視し，さらにゴミを追跡したりするであろう. これらの実現には，市内全域への膨大な数の無線タグ（RFID）とワイヤレスセンサーの設置が必要となる. マイクロチップと小型のアンテナで構成されるこれらのタグは，それらの分析のため個々のデバイスから中央の施設にデータを送信する役割を担う. たとえば市の当局者は，車に RFID タグを搭載し，街路にデジタルカメラを設置することによって交通の流れを監視する. 個人の安全性の向上も考慮する必要がある. たとえば，子供たちは両親の携帯電話を介して個別にタグ付けられて監視できる. これらのセンサーは，中央データ処理装置を介してリアルタイムに監視され分析される必要がある膨大な量のデータを生成する. それらは交通流の測定，混雑の識別，あるいは代替ルートの提示を含むさまざまな目的に使用することができる. システムの故障やハッキングが一般の人々の信頼にすぐに影響を与えるため，データセキュリティはこの取組みで明らかに最も重要なものであろう.

　2020 年に完成を予定している韓国の松島国際ビジネス地区は，スマートシティとして建設されているが. おもな特徴の一つは，市全体が光ファイバーブロードバンドをもっているということである. この最先端技術は，スマートシティの機能へのすばやいアクセスを可能にするため用いられる. 新しいスマートシティはまた，環境への悪影響を最小限に抑えるように設計されていて，将来にわたり持続可能な都市になる. 多くのスマートシティが計画されており，松島のように目的に合わせて建設されているが，既存の都市もまた徐々にインフラを近代化する必要がある.

　2016 年 5 月，世界規模の利益のためにビッグデータ研究の推進を目的とした取組みである国連の Global Pulse は，東南アジア諸国連合（ASEAN）の10 カ国の加盟国と韓国に対し"ビッグアイデアコンペ 2016: 持続可能な都市"の開催を発表した. 6 月の締切までに 250 を超える提案が受理され，8 月にさまざまなカテゴリーでの受賞者が発表された. 大賞は，クラウドソーシング情報を利用した待ち時間の短縮によって公共交通を改善するという提案を行った韓国が受賞した.

8・5　今後に向けて

　このきわめて短い紹介本では，インターネットとデジタル世界の発展によって
もたらされた技術的進歩によって，過去数十年にわたりデータに基づいて科
学あるいは日常生活が根本的な変革を遂げたことを見てきた．最後の章では，
ビッグデータによって私たちの将来の生活がどのように形づくられるのかをい
くつか示した．ビッグデータが影響を及ぼしているすべての分野は簡単には紹
介できないが，すでに影響を受けているさまざまな応用分野をいくつか見てき
た．

　世界中で生成されたデータは，ますますビッグになる．これらすべてのデー
タを効果的かつ有意義に取扱うための方法は，特にリアルタイム分析の分野に
おいて疑いなく，集中的な研究を必要とする課題であり続けるであろう．ビッ
グデータ革命は，世界全体の動きに大きな変化をもたらし，すべての技術開発
とともに，個人，科学者，および政府が一体となってその適切な使用を行うた
めの道徳的責任をもつ．ビッグデータはパワーであり，その潜在力は絶大であ
る．そして，その悪用の防止は私たちに課せられた使命である．

付　　表

付表 1　バイト換算表

用　語	意　味
ビット（bit）	2 進法の数字．0 または 1
バイト（byte）	＝ 8 ビット
キロバイト（kilobyte, kB）	＝ 1000 バイト
メガバイト（megabyte, MB）	＝ 1000 キロバイト
ギガバイト（gigabyte, GB）	＝ 1000 メガバイト
テラバイト（terabyte, TB）	＝ 1000 ギガバイト
ペタバイト（petabyte, PB）	＝ 1000 テラバイト
エクサバイト（exabyte, EB）	＝ 1000 ペタバイト
ゼタバイト（zettabyte, ZB）	＝ 1000 エクサバイト

付表 2　アルファベットの小文字の ASCII コード表

10 進法	2 進法	16 進法	文字	10 進法	2 進法	16 進法	文字
97	01100001	61	a	112	01110000	70	p
98	01100010	62	b	113	01110001	71	q
99	01100011	63	c	114	01110010	72	r
100	01100100	64	d	115	01110011	73	s
101	01100101	65	e	116	01110100	74	t
102	01100110	66	f	117	01110101	75	u
103	01100111	67	g	118	01110110	76	v
104	01101000	68	h	119	01110111	77	w
105	01101001	69	i	120	01111000	78	x
106	01101010	6A	j	121	01111001	79	y
107	01101011	6B	k	122	01111010	7A	z
108	01101100	6C	l	32	00010000	20	space
109	01101101	6D	m				
110	01101110	6E	n				
111	01101111	6F	o				

参考文献と追加情報

1. データ爆発

- David J. Hand, "Information Generation: How Data Rule Our World", Oneworld (2007).
- Jeffrey Quilter, Gary Urton (eds), "Narrative Threads: Accounting and Recounting in Andean Khipu", University of Texas Press (2002).
- David Salsburg, "The Lady Tasting Tea: How Statistics Revolutionized Science in the Twentieth Century", W.H. Freeman and Company (2001).
- Thucydides, "History of the Peloponnesian War", ed. and intro. M. I. Finley, trans. Rex Warner, Penguin Classics (1954).

2. なぜビッグデータは特別か？

- Joan Fisher Box, R. A. Fisher, "The Life of a Scientist", Wiley (1978).
- David J. Hand, "Statistics: A Very Short Introduction", Oxford University Press (2008).
- Viktor Mayer-Schonberger, Kenneth Cukier, "Big Data: A Revolution That Will Transform How We Live, Work, and Think", Mariner Books (2014).

3. ビッグデータの保存

- C. J. Date, "An Introduction to Database Systems", 8th ed., Pearson (2003).
- Guy Harrison, "Next Generation Databases: NoSQL and Big Data", Springer (2015).

4. ビッグデータ解析

- Thomas S. Kuhn, Ian Hacking, "The Structure of Scientific Revolutions", 50th Anniversary Ed., University of Chicago Press (2012).
- Bernard Marr, "Big Data: Using SMART Big Data, Analytics and Metrics to Make Better Decisions and Improve Performance", Wiley (2015).
- Lars Nielson, Noreen Burlingame, "A Simple Introduction to Data Science", New Street Communications (2012).

5. ビッグデータと医療

- Dorothy H. Crawford, "Ebola: Profile of a Killer Virus", Oxford University Press (2016).
- N. Generous, G. Fairchild, A. Deshpande, S. Y. Del Valle, R. Priedhorsky, 'Global Disease Monitoring and Forecasting with Wikipedia', *PLoS Comput. Biol.*, **10(11)** (2014), e1003892. doi: 10.1371/journal.pcbi.1003892.

- Peter K. Ghavami, "Clinical Intelligence: The Big Data Analytics Revolution in Healthcare. A Framework for Clinical and Business Intelligence", PhD thesis (2014).
- D. Lazer, R. Kennedy, 'The Parable of Google Flu: Traps in Big Data Analysis', *Science*, **343**, 1203–1205 (2014). <http://scholar.harvard.edu/files/gking/files/0314policy forumff.pdf>.
- Katherine Marconi, Harold Lehmann (eds), "Big Data and Health Analytics", CRC Press (2014).
- Robin Wilson, Elizabeth zu Erbach-Schoenberg, Maximilian Albert, Daniel Power et al., 'Rapid and Near Real-Time Assessments of Population Displacement Using Mobile Phone Data Following Disasters: The 2015 Nepal Earthquake', *PLOS Currents Disasters*, **Edition 1**, Research Article (24 Feb 2016). doi: 10.1371/currents.dis. d073fbece328e4c39087bc086d694b5c. <http://currents.plos.org/disasters/article/rapid-and-near-real-time-assessments-ofpopulation-displacement-using-mobile-phone-data-followingdisasters-the-2015-nepal-earthquake/>.

6. ビッグデータ，ビッグビジネス

- Leo Computers Society, LEO Remembered, "By the People Who Worked on the World's First Business Computers", Leo Computers Society (2016).
- James Marcus, "Amazonia", The New Press (2004).
- Bernard Marr, "Big Data in Practice", Wiley (2016).
- Frank Pasquale, "The Black Box Society: The Secret Algorithms That Control Money and Information", Harvard University Press (2015).
- Foster Provost, Tom Fawcett, "Data Science for Business", O'Reilly (2013).

7. ビッグデータセキュリティとスノーデン事件

- Andy Greenberg, "This Machine Kills Secrets", PLUME (2013).
- Glenn Greenwald, "No Place to Hide: Edward Snowden, the NSA, and the U.S. Surveillance State", Metropolitan Books (2014).
- Luke Harding, "The Snowden Files", Vintage Books (2014).
- G. Linden, B. Smith, J. York, 'Amazon.com Recommendations: Item-to-item Collaborative Filtering', *Internet Computing*, **7**(**1**), 76–80 (2003).
- Fred Piper, Sean Murphy, "Cryptography: A Very Short Introduction", Oxford University Press (2002).
- P. W. Singer, Allan Friedman, "Cybersecurity and Cyberwar: What Everyone Needs to Know", Oxford University Press (2014).
- Nicole Starosielski, "The Undersea Network", Duke University Press (2015).
- Janet Vertesi, 'How Evasion Matters: Implications from Surfacing Data Tracking

Online', Interface: A Special Topics Journal, 1 (1), Article 13 (2015). http://dx.doi.
org/10.7710/2373-4914.1013. <http://commons.pacificu.edu/cgi/viewcontent.cgi?art
icle=1013&context=interface>.

8. ビッグデータと社会

• Anno Bunnik, Anthony Cawley, "Big Data Challenges: Society, Security, Innovation and Ethics", Palgrave Macmillan (2016).
• Samuel Greengard, "The Internet of Things", MIT Press (2015).
• Robin Hanson, "The Age of Em", Oxford University Press (2016).

ウェブサイト

<https://www.infoq.com/articles/cap-twelve-years-later-how-the-ruleshave-changed>
<https://www.emc.com/collateral/analyst-reports/idc-the-digitaluniverse-in-2020.pdf>
<http://newsroom.ucla.edu/releases/ucla-research-team-inventsnew-249693>
<http://www.ascii-code.com/>
<http://www.tylervigen.com/spurious-correlations>
<https://www.statista.com/topics/846/amazon/>
<https://www.wired.com/2015/07/jeep-hack-chrysler-recalls-1-4mvehicles-bug-fix/>
<http://www.unglobalpulse.org/about-new>
<https://intelligence.house.gov/news/>
<http://www.unglobalpulse.org/about-new>

索　　引

欧　文

ACID　29
Adwords　74
AES アルゴリズム　88
AI　66
Amazon　36, 78, 84, 99
Amazon Web Services　79
ASCII　37
AWS → Amazon Web Services
BASE　33
Brewer, E.　33
Caesar, J.　88
Cafarella, M.　30
CAP 定理　33
Cookie　8, 75
Cutting, D.　30
Daemen, J.　88
DES → データ暗号化規格
DFS　30
EHR　57
Facebook　56
Fisher, R. A.　14
Gargini, P.　28
George Box　53
Google　49, 58
Google Flu Trends　57
GPS　10, 99
Hadoop　30
Hadoop DFS　31
Hadoop 分散ファイルシステム　43
Hammond, H.　3
HDD　26

Hollerith パンチカードコード　4
House, D.　27
Huffman アルゴリズム　38
ICT → 情報通信技術
IoT　28, 98, 101
IP アドレス　17
ISP　17
Jaccard 係数　76
Jaccard 距離　76
Java　30
JPEG　41
Kindle　84
Kuhn, T.　54
LAN　17
Laney, D.　16, 19
MapReduce　42
map コンポーネント　43
map 関数　43
Moore, G.　27
Netflix　81
NewSQL　35
NIST → 国立標準技術研究所
NLP → 自然言語処理
NoSQL　32
NSA → 国家安全保障局
PageRank　49
PC　26
PIN　22
quipu　2
RDBMS　28
reduce コンポーネント　43
Rijmen, V.　88
Rijndael アルゴリズム　88
shuffle ステップ　43
Snow, J.　3
Snowden, E.　90

SNS　5, 8, 35, 73
SQL　29
SSL　79
TOR　95
Twitter　18, 56
URL　70
Virtual Physiological Human (VPH) プロジェクト　65
WADA　69
Watson　66
Watson, T. J.　66
Wi-Fi　101
World Wide Web (www)　5, 17
Yahoo!　87

あ　行

ISP　17
IoT　28, 98, 101
ICT → 情報通信技術
IP アドレス　17
ASCII　37
値　34
Adwords　74
アップロード　87
Amazon　36, 78, 84, 99
Amazon Web Services　79
RDBMS　28
暗号化　88

EHR　57
一貫性　29, 33
医療データ　8
インターネット　17
インターネットサービスプロバイダ　17

インターネットストリーミング
　　　　　　　　　　81
インフォグラフィックス　20
インフルエンザ　58

ウィキリークス（WikiLeaks）
　　　　　　　　　　93
ウイルス　85
ウェアラブルデバイス　65
ウェブ（Web）　5

AI　66
AES アルゴリズム　88
衛星通信　17, 90
永続性　29
HDD　26
ASCII　37
ACID　29
SSL　79
SNS　5, 8, 35, 73
SQL　29
AWS → Amazon Web Services
Hadoop　30
NIST → 国立標準技術研究所
NSA → 国家安全保障局
NLP → 自然言語処理
NoSQL　32
エボラウイルス病（エボラ
　　　　　出血熱）　62

LAN　17
円グラフ　20

か　行

可逆圧縮　40
拡大可能性　29
仮想患者　57
価　値　19
Cutting, D.　30
Cafarella, M.　30
可用性　33
Gargini, P.　28

quipu　2
機械学習　21
気象データ　14
CAP 定理　33
教師あり機械学習技法　21

教師なし機械学習技法　21
協調フィルタリング　76, 79
Kindle　84

クエリ　7, 58
Google　49, 58
Google Flu Trends　57
Cookie　8, 75
クラウド　35
クラウドコンピューティング
　　　　　　28, 36
クラウドコンピューティング
　　　プラットフォーム　79
クラウドセキュリティ　87
クラスター　22
クラスタリング　22
グラフ　34
クリック課金広告　73
クリック詐欺　74
クリックストリームログ　7
Kuhn, T.　54

掲示板　56
決定木　24
ゲノミクス　65
健康情報追跡機器　9, 68
検索エンジン　7
原子性　29

公開データセット　53
構造化照会言語　29
構造化データ　5
国勢調査　2, 4
国立標準技術研究所　88
個人識別番号　22
国家安全保障局　90
コンピューター　4
コンピューターネットワーク
　　　　　　　　　　17

さ　行

最頻値　1

CAP 定理　33
JPEG　41
ジカウイルス　63
視覚化　19, 20
識別子　34

Caesar, J.　88
シーザー暗号　88
地　震　64
自然言語処理　66
実行可能性　19
自動運転車　10
GPS　10, 99
Jaccard 距離　76
Jaccard 係数　76
shuffle ステップ　43
Java　30
集積回路　27
10 進法　2
情報交換用アメリカ標準コード
　　　　　　　　　→ ASCII
情報通信技術　102
人工知能　66
人口統計データ　3
真実性　19

推奨システム　75
水平スケーラビリティ　32
スケーラビリティ　29
ストリーミング　18, 81
ストリーミングアナリティクス
　　　　　　　　　　11
Snow, J.　3
Snowden, E.　90
スノーデン事件　90
スパム　45, 48, 89
スピアフィッシング　69
スプレッドシート　5
スペイン風邪　62
スマート医療　64
スマートカー　12, 99
スマートシティ　102
スマートデバイス　101
スマートフォン　28
スマートホーム　101
スモールデータ　14

脆弱性　19
世界アンチドーピング機構　69
セキュリティ　84
センサー　10
全地球測位システム → GPS

測定値　1
速　度　16, 18
ソーシャルネットワーキング
　　　　　　　　　　17

ソーシャルネットワーキング
　　　　サイト → SNS

た　行

ダウンロード　18
ダークウェブ　96
ターゲット広告　75
WADA　69
www → World Wide Web
多様性　16, 17

Twitter　18, 56

DES → データ暗号化規格
DFS　30
TOR　95
ディープウェブ　97
Daemen, J.　88
データ　1, 2
データ圧縮　39
データ暗号化規格　88
データサイエンス　12, 83
データサイエンティスト
　　　　12, 83
データセット　14
データノード　31
データベース　28
データマイニング　20, 21
電子カルテ　64
電子健康記録　57
電子商取引　72
電子メールセキュリティ　89
天文データ　11

ドキュメント　34
独立性　29
トランザクション　29
トランジスタ　27, 72
トロイの木馬　85
ドローン　99

な　行

2進数　37
二進木 → 二分木
二分木　39

NewSQL　35
Netflix　81
ネットワークパーティション
　　　　33
ネームノード　31

NoSQL　32

は　行

バイオインフォマティクス　65
バイト　38, 105
House, D.　27
パーソナルコンピューター
　　　　26, 72
Virtual Physiological Human
　　　　プロジェクト　65
ハッカー　86
ハッキング　85
ハッシュ関数　46
Hadoop　30
Hadoop DFS　31
Hadoop 分散ファイルシステム
　　　　43
ハードディスクドライブ　26
ハートビート　31
Huffman アルゴリズム　38
Hammond, H.　3
半構造化データ　5
パンチカード　4
判別分析　24

PIN　22
BASE　33
非可逆圧縮　39
光ファイバー　90
非構造化データ　5, 64
PC　26
ビッグデータ　6, 14
ビッグデータマイニング　20
ビット　37, 105
ヒトゲノムプロジェクト　65
表計算　72
標本調査　15
非リレーショナルデータベース
　　　　32

ファイアウォール　85
Fisher, R.A.　14

フィッシング　45, 85
フィットネスデバイス　9
フィットネストラッカー　9, 68
VPH プロジェクト　65
Facebook　56
不正アクセス　85
プライバシー　68, 96
フラットファイル　4
Brewer, E.　33
ブルームフィルター　45
ブログ　56
フロッピーディスク　72
プロバイダ　17
プロファイル　22
分散ファイルシステム　30
分断耐性　33
分　類　24

ペイパークリックモデル　74
PageRank　49
ペーパーレス　72
変動性　18

棒グラフ　20
George Box　53
ホームモニタリング　12
ボリューム　16
Hollerith パンチカードコード
　　　　4

ま　行

マイクロチップ　27
マイクロプロセッサ　27
マイニング　57
map 関数　43
map コンポーネント　43
MapReduce　42
マルウェア　85

ミリオネア　15

Moore, G.　27
ムーアの法則　27
無人運転車　10

メタデータ　5

モード　1
モノのインターネット → IoT

や〜ろ

Yahoo!　87

URL　70

Rijmen, V.　88
Rijndael アルゴリズム　88
LAN　17
ランダムサーファー　51

リアルタイムデータ　10
離散コサインアルゴリズム
　　　　　　　　　　40
reduce コンポーネント　43
量子コンピューター　28
リレーショナルデータベース
　　　　　　　　　　28
Laney, D.　16, 19
列ベース　34

ローカルエリアネットワーク
　　　　　　　　　　17

ロボット　99

わ

Wi–Fi　101
Watson, T. J.　66
Watson　66
ワープロ　72
World Wide Web　5, 17

岩　崎　　学
　1975 年　東京理科大学理学部応用数学科 卒
　1977 年　東京理科大学大学院理学研究科修士課程 修了
　現　横浜市立大学データサイエンス学部 教授
　専門　統計的データ解析の理論と応用
　理 学 博 士

第 1 版 第 1 刷　2020 年 3 月 3 日　発 行

ビッグデータ超入門

© 2 0 2 0

訳　　者　　岩　崎　　　学
発 行 者　　住　田　六　連
発　　行　　株式会社 東京化学同人
　　　　東京都文京区千石 3 丁目 36-7（〒112-0011）
　　　　電 話 03-3946-5311・FAX 03-3946-5317
　　　　URL: http://www.tkd-pbl.com/

印刷・製本　新日本印刷株式会社

ISBN978-4-8079-0989-6
Printed in Japan